どう考える？種苗法

タネと苗の未来のために

農文協 編

JN011709

農文協
ブックレット

まえがき

この原稿執筆時点で、第203回国会（2020年10月開会の臨時国会）では「種苗法を一部改正する案」の審議が行なわれている。第201回国会（通常国会）で継続審議となった法案である。

この法案をめぐっては国民的な関心を呼び、農家も賛成・反対に分かれて激しい議論がかわされてきた。そもそもこの法案は、2017年ころ、イチゴの人気品種の韓国への流出が問題とされたことから浮上した、品種の「育成者権」の強化を最大の眼目としている。一方、現行法で例外として認められてきた農家の「自家増殖」（タネ採り、挿し木、わき芽挿しなど）を原則禁止（許諾制）としている。この二つを一体として進めようとするのが「改正」案のポイントである。

はたしてこの二つは本当に切り離せないものなのだろうか？　本書の前半では、錯綜する議論をこの点に焦点をあてて整理し、できるだけわかりやすく解説している。

そもそも農家にとってタネを採ることにはどんな意味があるだろうか？　本書のなかで育種家の石綿薫さんは、通常の栽培では生育途中で収穫してしまうことの多い野菜に花を咲かせ、タネを採ることは、野菜の全体像を理解するうえで欠かせないという。タネ屋の苦労を知る上でも助けになるとも。そう考えると、「改正」案が削除しようとしている、農家の「自家増殖」を認めた現行法第21条2の規定は、じつは農業という営みの本質にかかわる根源的権利なのではないか。

それは、近年の国際的な小農の権利強化の潮流とも符合する。政府・農水省は「育成者権」強化はグローバルスタンダードというが、それはあくまで一面であって、農民の採種（自家増殖）をめぐる権利を認める国際的な動きもある。この二つの権利のバランスをどう考えるかが、本書のもう一つの焦点である。

こうした問題は、種苗法「改正」案（編集部記事では「改定」とする）の成否にかかわらず、われわれが考え続けていくべき問題ではないだろうか。

本書がタネと苗、そして農業の未来をめぐる議論を実りあるものにするための一助となれば幸いです。

2020年11月
農山漁村文化協会編集局

目次

農家、育種家に聞く

種は知的財産か公共財か

「生命《いのち》」としての種

梨木香歩

旅をする種

ふとしたことからアワのことを調べ始め、エノコログサはアワの先祖なのだと知った。エノコログサを見たり触ったりするのが好きで、そのつど雑穀の類だなあ、と思っていたが、やはりそうだったのだ。そしてアワの原産が中央アジアの辺りであることも。

アワは日本にはイネより前に渡来して、縄文時代にはすでに栽培されていたらしい。一掴みのアワを握り締めて海を渡った誰かがいたのだろうか。中国では紀元前数千年の黄河文明の頃には、主食として食べられていたそうだから、主食の種子としてのアワと共に、新天地を目指した人びとがいてもおかしくない。

アイヌの説話に、アワの種はサマイクル（人間の始祖のような神）が日本内地から盗んできたもの、という話がある。それに比べてヒエの種は天から真っ直ぐにこの地に降りてきたものらしい。アワは外来種で、ヒエは自生種ということだろうか。紀元前の話だろうが、文字がない文化なので口承され伝えられてきたのだ。その経てきた時間を思う。そして現代科学ではどうであろうと、たぶんそれはほんとうのことなのだろう。

『アイヌ植物誌』（福岡イト子著）からのまた引きになるが、「蝦夷生計図説」（村上島之允）には、アイヌの人びとが祭祀用の家宝的な漆塗りの碗に、アワの種子を入れ、畑（？）に蒔く様子が描かれている。「こやしなぞ用ゆる事もなければ、ただこのタネを蒔く事のみ殊に心を用ひて時節を考ふる事なり。その時節といへるも、―略―山野の草のおのづから生じぬるをうかがひて種を蒔く時節とはなす事なり」。アイヌの人びとの「農」の流儀として、肥料等を用いることもせず、ただばら蒔く（しかし祈りを込めて丁寧に）だけで土を被せたりすらもしないので、スズメたちがやってきて啄んでしまう。まるで人間が風の代理となって、種は自然にそこに落ちたというふうなのだ。山野の草が萌え出るのに合わせて同じように出芽するよう蒔く時期を見計らう。自然をコントロールしようとは、つゆほども思っていない。

これは、フランス・パリ市にあるアンドレ・シトロエン公園の、ジル・クレマンが設計した「動いている庭」――「人と自然の関係の現実」としての庭――における種蒔きの方法とよく似ている。ジル・クレマンの方は、それぞれ性質の異なる三種類の種をばら蒔くわけだが（ときに「蒔く」ことすらせず、親株を植えつけるだけのことも）、初めてそれを知ったとき、西洋の人のなかから、このようなコンセプトが出てくる時代を感慨深く思った。が、そもそもアイヌの人びとの思想が、グローバルな広がりを持ったものだったのだということだろう。和人が用いる暦によらず独自の季節の読み取り法によって蒔き時を決めるアイヌの人びとの、種への敬意と愛情は、種もまた「生命」である、という事実を改めて思い起こさせる。あんなに小さな一粒の中に秘められている可能性と力を思えば、種は、まるで魔法のような奇跡そのものなのだった。

種を育み、守り育てる人びと

作家の渡辺一枝さんは、東北大震災後、被災地に足を運んで人びとの話に耳を傾けてきた。『聞き書き南相馬』は、その集大成だ。避難所生活を経てのち、仮設住宅に入居した人びとの多くは震災前、広い農地を耕し、忙しく田畑の世話をしてきたのだったが、今はそれも叶わない。隣近所の密集した、狭い仮設暮らしで不眠や頭痛などに悩まされた。けれど、畑が――以前の耕作地に比べれば猫の額ほどの広さではあったが――借りられることになり、生活は生き生きとしたものに変わってきた。

そのなかのお一人、南相馬のかぼちゃ作り名人、ヨシさんは、新しい品種「いいたて雪っ娘」の種を譲り受ける。飯舘村の菅野元一氏や渡邊とみ子さんをはじめとしたグループが、長い研究期間を経て、ようやく発表に漕ぎ着けるその直前で震災にあった、運命的な品種だ。食味は最高だが発芽までに時間がかかる。名人・ヨシさんは普段、「湿らせたティッシュペーパーに種を包み、それをビニール袋に入れて腹巻きにはさんで三日ほど温める。そしてポチッと芽が出てきたら土に植える」。

まるで自分の子どもに対するようではないか。子育てもそもそも、ちょっと目を離せばどうなるかわからない、儚さを秘めた命を守り抜くための、呪術的ともいえるひたすらな献身があってこその営為だ。ヨシさんには、対象が何であれ、命を育もうとする行為には献身が必要なのだという、理屈を超えた知恵が備わっておられるのだろう。

しかし雪っ娘は、そこから地上に芽を出すのが遅かった。それで「『雪っ娘ちゃん、雪っ娘ちゃん、芽を出しなさい』と声をかけて育てた」。

種を発芽させ、成長する過程を見守っていくという行為が、そのまま人の生きる力をも引き出す。有史以前からの、人と種の関わりの伝統を思わせ、深い慈愛と厳かさを同時に感じる。粛然とする。

なしき・かほ 作家。訳書に『わたしたちのたねまき』（のら書店）、最近の著書に『風と双眼鏡、膝掛け毛布』（筑摩書房）、『ほんとうのリーダーのみつけかた』（岩波書店）、『炉辺の風おと』（毎日新聞出版）などがある。

岩崎政利さんと野菜の花

塩野米松

ダイコンやキャベツの花を見たことがあるだろうか？

ブロッコリーは？

キュウリやカボチャやインゲンなら見たことがあるのでは？

トマトやナス、オクラなどは、家庭菜園でも花を見ることができる。ところが白菜やレタスなどの葉物野菜や、ニンジンやダイコンなどの根菜類は、通常は花を見ることがない。

そうした野菜に花を咲かせているのは三種の人だけだからだ。

第一番目は「怠け者の農民」。

第二番目に属するは「種苗会社」、または種苗会社に頼まれて種《たね》を採るために野菜を作っている農家。

第三番目は「岩崎政利さんの仲間たち」。

私は野菜の花を結構、自分の畑で見ている。ダイコンの花は四つの花弁をもった清楚な花である。キャベツは黄色でおしゃべりな子どもたちのような花だ。

野菜の花を愛でる私が属するのは第一グループ。怠け者だからだ。

仕事場の裏に小さな畑を作っているのだが、植えたダイコンもキャベツもブロッコリーも食べ時を失ってもそのままにしておくと、薹《とう》が立ち、花が咲き、種を入れたサヤができる。

「薹」はフキノトウの薹のことで、花を付ける花茎のことをいう。ダイコンやキャベツをいつまでも放っておくと、葉の間からすっと薹がそびえ立つのだ。植物では薹が立つのは種を作る大事な過程だが、野菜作りでは「薹が立った」と馬鹿にされる。

「薹が立つ」というのは時期を逃したとか、時期遅れという意味だ。

薹が立てば、花が咲き、蝶たちが集まり、畑は花畑になり、私は楽しいと思うのだが、世間では怠け者か愚か者のすることと決まっている。

なぜなら、畑では時期が終われば次の野菜を作るための準備に入る。花なぞ咲かせてはおけないのだ。そんなことをすれば、土壌の栄養分が失われてしまう。畑は大事な生産の場なのだ。

種苗会社は種を採るのが専門であるから、おいしそうな葉や実には目もくれず、ひたすら薹を立て、種を付けさせる。種売りのためにやるのだから、これはそれでいいのである。

問題は第三のグループ「岩崎政利さんの仲間たち」である。

野菜作りの名人として、全国にその名を轟かせる〝種採り農民〟

長崎県雲仙市に住む岩崎政利さん（1950年生まれ）は、自分の畑で有機野菜を作る農民であるが、畑に薹を立てる人なのである。

彼の畑を案内してもらったら、畑の各所に薹が立っていた。五月末は時期的に少ないとはいえ、聖護院ダイコン、九条葱、カツオ菜、ロマネスコ、五木赤ダイコン、日本ほうれん草などさまざまなものが、畑の隅や荒れ地にサヤや実、花を付けて立っている。

彼も薹を立て始めた頃は「変人奇人」「困った人」扱いであったという。しかし、それから二十数年、近在はもちろん日本中から「野菜作りの名人」「自家採種の開拓者」「うまい、安全な野菜を作る人」として知られるようになった。

愚かな農民と賢民の違いはいったい何だろうか。

それには彼が辿った農民としての足取りを追ってみるのがわかりやすい。

農薬も化学肥料もたくさん使った。そして、有機農業に切り替えた

岩崎さんが生まれた家は農家。跡を継ぐために農業高校を卒業。その後農業に従事し、指導者になるために研究に励み、農協青年部などでもリーダー的存在で活躍。たくさんの農薬を使い、たくさんの化学肥料を施し、生産効率を高めることに邁進した。26歳で結婚、30歳頃に体調の不良を覚え、幾つも病院を巡るが原因がはっきりしなかった。

そのときに、ふとこれは農薬のせいではと考え出す。退院後から有機農業に切り替える。自分の土地や自分の考えに合った有機農法を模索するなかで、自家採種による健全な、生命力に溢れた野菜作りに辿り着く。

つまり、岩崎さんの「野菜の en臺立て」には、怠け者とはほど遠い、労を惜しまず苦難に挑む者の意志が込められているのである。

何が大変なことだったのかを知るために、有機農業に切り替えてから自家採種に至る道を辿ってみる。

初めは有機肥料をたっぷりやる農法から始まった。次第に肥料を減らしていく方法を探る。模範にしたのは雑木林だった。雑木林は外から一切の肥料などを補充せずに、幾種類もの植物が共生している。そこに自己循環型の自然のスタイルがあると思ったのだ。あのような形が畑で野菜を作る方法に応用できるのでは？

みなさんも一度は種屋で売っている種袋を見たことがあるだろう。袋の裏には播く時期や播き方、どんな肥料をどれだけ与えるかが示されている。

つまり、それだけの肥料がなければ、育たない種なのである。肥料をたっぷりやれば野菜は育つ。しかし、今度は虫が集まってくる。虫を殺さねば、見た目の良い野菜はできない。そのためには農薬を撒く。この循環から逃れるために、昔の農家がやっていたように自分の畑に合った種を、自分で作ってみようと思い立ったのだ。

そのために着目したのが土と種だった。

日本全国、どこでも播けば生えてくる野菜は化学肥料を使う土壌に合うようにできているのでは？　一度そうなった土にはそうした野菜しかできないのでは？　疑問は幾つも湧いてくる。

野菜は地にできるものだ。

その地方の土壌にはその土ができあがった背景がある。火山活動があったり、洪積層があったり、土地の成り立ちは個々に違う。その上、日の光や、風、気温や湿度、気候、季節の変化だって違っている。だったら、その土地に合った強く生命力のある種を作れば、そこの土と風、雨、日の光が野菜を育ててくれるのでは。もともと各地にはそうした野菜があったのだが、〝よくできる〟野菜に駆逐されて、多くは姿を消してしまっていた。

もう一度、そんな種を作ろう。

それまでの農業で土に浸み込んだ殺虫剤や農薬を抜き取り、本来の土に戻そう。

そうは考えても農業は経営である。作るからには売れる野菜ができなくてはならない。

初めは家族の反対に遭いながら、おっかなびっくり、畑に一条だけ自分が採種した種を播いた。できた野菜のなかからいい物を選抜し、翌年その種を播いた。

こうして、野菜の選抜を繰り返していくと、安定して姿やおいしさが保たれるようになる。こうなった状態を固定という。採種、選抜を繰り返し固定するまで7年から10年、長いものでは15年掛かったという。そうやって今では50種ほどの種を作り上げた。

農薬、殺虫剤を使わずに自分が望む野菜を育てられるようになるまでに、何をしたのかと聞いたら「待ちます」と岩崎さんはこともなげに答えた。

「アブラムシが発生すれば天敵のテントウムシが出てくるのを待ちます。テントウムシがアブラムシをやっつけてくれるでしょう。どうしても駄目だったら、その野菜は処分してゼロからやり直します。そのために畑には雑木林のように他品種が植えてあるのです。しかし、強い種を作り、季節、時期、旬を守れば、そういう被害は最低ですむものです。

同じ作物を植え続けると成りが悪くなるので、順番に品を替えながら畑を作ったり、大豆を植えて、その根粒菌による土壌改良で地味《じみ》を肥やす工夫をしたりといったことはします。しかし、一番は生命力のある種を作ること、それと昔の人がそうであったように、自然を読み取る力を自分が身に付けることです」

農民から農民の手に渡り、各地の風土に合った種になる

彼はさまざまな種を手に入れ、栽培し、採種、選抜

を繰り返す。市販の種もあれば、交換した種も、各地にある伝統野菜の種も探して植えてみる。そしてこの自家採種を仲間たちにも勧めている。

一つは自分の土地に合った種を育て上げるため。もう一つは守っていくべき野菜の種を絶やさぬためだ。

種は駅伝のたすきのように自家採種の農民から農民に渡され、各地で風土に合った種に育て上げられ、固定していく。もしそうした活動がなければ、効率と経済だけを優先させた野菜に追われ、地に合う伝統的野菜は種ごと消え、いつか元へ戻そうにも復興はあり得ないからだ。

種は風土が育て上げた文化であり、それを継続していくのはそこの農民の義務である。なぜなら一個の固定した種を作るには、岩崎さんが払っている努力の数百倍もの積み重ねがあるからだ。

こうして地の力に合った、強い種を作り、種の持つ生命力を生かしてこそうまい野菜になる。それは二十数年の実績で証明できた。風土と種と季節の総合力を発揮した野菜こそ、うまい、力を持った野菜なのである。

安全でうまい野菜は人をひきつける。地元長崎の消費者グループは彼の野菜を契約で買っている。それは次第に広がり、都会のグループも共同で購入しているし、料理人、シェフたちも使い続けている。野菜作りを丸ごと実践する岩崎さんたちを支えるのは消費者だ。

この運動が広まれば、私たちは各地で野菜の花を見ることができるようになる。そしてその地独特の野菜を楽しめることになる。

これはあなたの小さな菜園でも可能なのだ。そしたら私たちは自分の菜園で、怠け者だからできる花ではなく〝賢者の花〟を見、自分の種を採ることができる。そして本物の、生命力に満ちた野菜を口にできる。

健康な野菜は、妙な個性を打ち出すのではなく、穏やかで、生き生きとした力を漲《みなぎ》らせたものだった。

野菜とはどういう植物だったのか、野菜を食うとはどういうことか、改めて考え直させられた。

【初出】『dancyu』２００７年8月号

しおの・よねまつ　作家。全国各地の職人に聞き書きし、失われつつある伝統文化・技術を記録。著書『失われた手仕事の思想』（ちくま文庫）、『おじいちゃんの小さかったとき』（福音館書店）、『もやし屋』（無名舎出版）ほか多数。

増殖力の行方

藤原辰史

資本主義の外にあった自然の増殖力

土壌微生物。適度な水分と団粒構造が発達した土壌があれば、動植物の死骸や剥落したものを食べ尽くして、分裂を繰り返し、増殖した微生物が地力を増幅する。

腸内微生物。繊維を含んだ野菜を摂取すれば大腸に生息する微生物が増える。農薬や保存料が付着していないならなおよい。これまでの内臓の消化酵素を持ってしても消化できなかった繊維質を分解し、アレルギーなどの免疫トラブルを防いでくれる。

卵。稚魚やヒヨコが育つ丸っこい閉鎖空間。卵に含まれた栄養を吸収し、成長していく。一匹の個体から次々に新しい個体が生まれ、育ち、一部は別の生物の食べものになる。

子宮。胎児が育成される羊水に満ちた袋。母体の血液から栄養分が送り込まれ、胎児が大きくなっていく。一匹、一頭または一人の子宮から一倍以上の子どもたちが生まれていく。

種子。硬い殻の中に濃厚な栄養分を含み、温度と日光の条件があえば発芽をし、育って花を咲かせ、実をつけると、個体の何倍もの種を増殖する。

以上のような、深奥なる生命の増殖メカニズムは、数千年に及ぶ人間の叡智の歴史をもってしても人工的に作りえなかった。人間の科学技術史など一個の子宮、一個の種子の前では、己の無力さを嘆くしかない。だから、増殖メカニズムは私的に所有できない。所有者をあえて設定すれば、共有でしかない。

近代西欧に登場した資本主義が革命的だったのは、それ自体が増殖をする経済システムだったからだ。資本主義は資本が増殖し続けないかぎり、死に絶える。

資本主義は、絶え間ない増殖の力を得るために、その貨幣による評価機構である市場から、土壌、植物、動物、人間の増殖力を外に置いた。なぜなら、その全体に値段をつけようとすればとてつもない値段になって支払えないだけではなく、一部にのみ値段をつけて残りの部分は資本の手を用いなくとも増殖し、利潤が増え続けるから。

資本の原語がcattle、つまり「牛」であるのは、その意味で興味深い。牛は、その子宮によって牛を増殖させることができる。つまり、土壌を地代に、植物と動物の可食部分のみ食品価格に、人間を労働力の対価としての賃金に代表させて、商品価値を実際よりも過小に見積もれば、その分、それらは勝手に価値を増殖してくれるので、逃げ出さないように囲っておけば、黙っていても無限に利潤が手に入る。

自然――人間の都合と資本の都合の衝突

現在にいたるまで、資本主義の増殖力は自然の増殖力に負荷を増大させ続けている。やや強引に腑分けすると、人間の外に存在する自然への負荷を私たちは地球環境問題と呼び、人間の内に存在する自然への負荷を労働問題と呼んできた。こうした負荷の増大には三つの局面がある。

第一に、それはまず人間の労働力の商品化（賃金による購入）というかたちで吸い上げられた、という点についてはマルクスが『資本論』で述べたことだ。労働力を毎日回復させるのは、食と休養である。それらが整って、人間は生殖行為を営む。資本主義は、こうして労働力を恒久的に購入できるようになる。

第二に、食べものである。職場から戻って、満足に夕飯と朝食を食べないで次の日の仕事に向かう労働者は、すぐに飢えで倒れるだろう。労働力の維持が必要な資本にとっても、食は、必要不可欠なものである。

第三に、作物と家畜の栄養の根元にあたる土壌である。土壌の微生物の増殖力が安定的でなければ、種子は増殖できないし、飼料が増殖しなければ家畜も増殖できない。ところが、近代農業は、土壌の微生物の力よりも、植物に直接的に届く栄養物質、すなわち化学肥料をその中心においた。その結果、土壌は劣化しやすくなる。化学肥料は化石燃料由来であり、とりわけ窒素肥料の場合、合成に莫大な化石燃料や電気が必要となる。

これらの共有財をめぐって、人間の都合と資本の都合が衝突してきたのが近代社会だ。資本にとって、食べもの価格の平均はできるだけ安価な方が良い。その分、最低賃金を下げられるし、人件費を削減できるからだ。安価な食材は、それだけ農業生産プロセスも合理化し、効率化しなくてはならない。人間の力や家畜の力に賃金を支払っていれば、どうしてもコストがかかるから、近代社会は化石燃料の使用に大きく依存した近代農業を求めようとする。種や苗あるいは、それらの遺伝情報のグローバル企業による独占は、近代農業のさらなる効率化をもたらす。

種苗法改正について考える背景として、上記のような事実を念頭に置いておくことは、けっして無駄ではないと私は思う。

ふじはら・たつし　京都大学人文科学研究所准教授。最近の著書に『給食の歴史』（岩波新書）、『食べるとはどういうことか』（農文協）、『分解の哲学』（青土社）、『縁食論』（ミシマ社）などがある。

早わかり種苗法

基礎知識と論点整理

Q&A 種苗法改定 これだけは知っておきたい10のポイント

まとめ　編集部

食生活を支える野菜や果物もタネや苗があってこそ育つ。身近な種苗だが、「育成者権」とか「自家増殖」というとなんだかむずかしい。今回の種苗法改定については農家の間でも賛否が分かれ、情報も錯綜している。まずは基本的なポイントを押さえておきたい。

Q1　種苗法ってどんな法律？ 種子法とはちがうの？

A　タネや苗の流通ルールと育種家の権利を定めた法律で、種子法とは別の法律です。

種苗法は、タネや苗の流通ルールを定めた「指定種苗制度」と新品種保護のための「品種登録制度」の二本柱からなる法律。成立は1978年、「生みの親」である元農林水産省種苗課長・松延洋平氏によれば、世界に先駆けた制度で、構想時から各国に高く評価されたという（31〜37ページ）。

品種登録制度は、育種家や公的機関の育種担当者の努力に報いるための制度。農林水産省に登録された新品種（**登録品種**）には、一定期間の「育成者権」が認められる（育成者権の存続期間は原則25年で、木本性の植物は30年。種苗法第19条第2項）。登録品種のタネや苗の増殖（生産）、販売や譲渡、輸出や輸入をする場合には、育成者権者から許諾を受ける必要があり、違反した場合は10年以下の懲役、または（併科）1000万円以下の罰金（法人は3億円以下の罰金）となる。

よく混同されるが、2018年3月末で廃止された「**種子法**（主要農産物種子法）」は、種苗法とはまったく別の法律。こちらは1952年に「農産種苗法」（種苗法の前身）から分離独立し、食料難の時代から半世紀以上にわたって、米や麦などの優良種子の安定生産と普及を「国が果たすべき役割」と定めてきた。都道府県の原種や原々種（農家が生産に使うタネの元になるタネのこと）の生産を支えてきた法律である。廃止は寝耳に水であったが、その後、全国の自治体で「種子条例」が成立、取り戻しの動きがある。

二つの法律は別物だが、種子法廃止と種苗法改定は農業競争力強化支援法をベースとしたグローバル化、資本の論理の貫徹という同じ流れのなかにあるという見方をする識者は少なくない（87〜91ページ）。

「もぐもぐタイム」に韓国産のイチゴを食べる、平昌オリンピック・女子カーリングチームのスキップ・藤澤五月選手

朝日新聞社提供

Q2 日本の品種の海外流出は種苗法改定となにか関係があるの？

A イチゴやブドウの品種が海外に流出した問題をきっかけに、改定の動きが加速しました。

2018年2月に行なわれた平昌オリンピックでは、韓国産のイチゴをめぐって、種苗法が大きな話題になった。カーリング女子日本代表が「もぐもぐタイム」に食べていた韓国産イチゴが、日本のレッドパールや章姫などを親に育種されたものだったため、新聞やテレビでも大きく取り上げられたからだ（19ページの写真）。

これに対して、早くも5月15日付けの日本農業新聞が、農家の自家増殖を制限する農水省の動きについて報道している。

イチゴ以外ではブドウの「シャインマスカット」が中国や韓国で栽培されて大問題になっている。2006年に日本の農研機構果樹研究所で育成された大人気の品種だが、その苗木の流通は国内に限られていて、海外への持ち出しは許可されない。

つまり、中国や韓国へは不正に種苗が持ち出されたというわけだ。ブドウは栄養繁殖性（後述）の植物なので、枝1本隠して持っていけば、いくらでも増やせてしまう。

今や世界第2位となった経済大国の中国では、ブドウの消費量は金額にして年間およそ6000億円。そのうち100億円くらいが「シャインマスカット」ではないかといわれているそうだ。その果実はタイやマレーシア、ベトナムや香港にも輸出されているという。そして、「シャインマスカット」の苗木が日本から流出していなければ、このアジアの多額の消費分すべてが日本の輸出の儲けになったはず、と皮算用する論調もあった。

せっかく日本で生まれた素晴らしい品種なのに、海外への流出によって、巨額の損失を被っているというわけだ。

海外での無断増殖の例としては、畳原料のイグサの「ひのみどり」のケースも有名だ。「ひのみどり」はイグサ産地の熊本県が2001年に育成した優良品種だが、やはり中国に流出。中国で栽培され、畳やゴザに加工されて日本に逆輸入されたのだ。ひのみどりはイグサ農家の生き残りをかけて育種された品種なのに、輸入を許せば、逆に国内需要が侵されてしまう。そうならないように、国や県はDNA検査などでイグサ製品の輸入品をチェック、「ひのみどり」が使われていないか目を光らせているという。

そこで農水省が品種の海外流出防止のために掲げているのが「農家の自家増殖原則禁止（許諾制に移行）」なのである。

Q3 農家の自家増殖を制限すれば品種の海外流出は防げるの？

A 防げません。「品種の海外流出」と「農家の自家増殖」はまったく別問題です。

ブドウの「シャインマスカット」やイグサの「ひのみどり」は、いずれも日本で種苗登録をしている。現行法下でも登録品種は農家が自分の経営内で利用する場合（農家の自家増殖）を除き、種苗として勝手に増殖したり販売したりできない。種苗を販売する業者は育成者と契約を結ぶ必要があるが、「シャインマスカット」と「ひのみどり」の育成者である農研機構と熊本県は、国外への輸出を許可していない（ひのみどりは県外にも出さない）。これらがどうやって中国に流出したのか正確にはわからないが、どちらも育成者の許可を得ずに持ち出されたことは間違いなさそうだ。

では仮に日本国内で農家による自家増殖を禁止していたら、たとえば「シャインマスカット」の中国への流出は防げたのだろうか。きっと答えはノーだ。購入した苗だろうが、自家増殖した苗だろうが、枝1本くらい、持ち出そうと思えば持ち出せてしまうからだ。そうした確信犯に対して、農家の自家増殖禁止が有効な対策とは考えづらい。

一方、中国にも日本の種苗法のような法律がある。保護対象の作物は限られるが、たとえば「シャインマスカット」であれば、農研機構が申請すれば中国で品種登録できたのだ（すでに果樹の申請期限である、自国内での譲渡開始後6年を過ぎている）。果樹の場合、登録後20年間は中国でも品種が保護されるので、もしかしたら、中国における無断増殖を制限できたのかもしれない。福岡県が育成したイチゴ「あまおう」では国内での品種登録後、中国と韓国で登録することで品種ブランドの保護につとめている。

そのように考えると、品種の海外流出防止と農家の自家増植禁止は分けて考えることができるのではないか。

この点は、じつは農水省も認めている。「この事態（海外流出）への対策としては、種苗などの国外への持ち出しを物理的に防止することが困難である以上、海外において品種登録（育成者権の取得）を行なうことが唯一の対策となっています」。これは2017

年、農水省の知的財産課が農畜産業振興機構（alic）の広報誌に自ら寄稿した記事の抜粋である。担当者への取材でも、種苗の持ち出しが非常に簡単であること、現地での増殖は、現地での品種登録以外、防ぐ術がないことを認めている。

一方で、現在の種苗法には「穴」があり、その改正も必要だ。たとえば農研機構の果樹の品種などには、現在も「国内栽培限定」「海外に持ち出さないでください」などと書いてあるが、正規に買った苗を海外に持ち出すことについては、現在の種苗法ではなんら制限をかけることができないのだ。そこで農水省は今回の種苗法改定案において、育成者が「国内栽培限定」または「県内栽培限定」といった条件を付けた場合、それに違反すれば、利用の差し止めなどができるようにするという。

また、海外での品種登録にはすでに本腰を入れていて、出願経費の半額補助などを始めている。

品種の海外流出を防ぎたい気持ちはよくわかる。しかし、それを農家の自家増殖のせいにするのは農水省の詭弁といえる。この二つは別問題。分けて考えるべきだ。

Q4 そもそも「農家の自家増殖」ってなに？「自家採種」とはちがうの？

A タネ採りだけでなく、挿し木、わき芽挿しなどもひっくるめたのが「自家増殖」です。

農家は収穫物のなかから、優れた種子を選別し、採種保存し、翌年に播いて収穫する。これを**自家採種**という。作物にはこのような**種子繁殖**だけでなく、**栄養繁殖**で子孫を残すものもある。栄養繁殖とは、種子ではなく、イモや球根、枝や芽などによって個体を増やすこと。たとえば種イモを切って増やすジャガイモや、枝を挿し木して増やす花木などが該当する。ニラの株分けや果樹の接ぎ木も栄養繁殖だ。種子繁殖の場合は両親の遺伝子を受け継ぐのに対し、栄養繁殖の場合は親から「分身」するだけなので、基本的に遺伝子も親と同じ。その子どもは、いわゆるクローンだ（まれに突然変異して「枝変わり」が生まれる）。

栄養繁殖や種子繁殖（採種）を併せて増殖といい、

農家自ら増殖することを**自家増殖**という。

種苗法成立当初、農家の自家増殖は「例外」として認められていた。その後、バラやカーネーションなど栄養繁殖するごく一部の植物については、「例外の例外」として自家増殖が原則禁止、育成者の許諾が必要になった（これらを「禁止品目」という）。栄養繁殖性の植物は挿し木やわき芽挿しでどんどん増やせる（コピーできる）ため、さすがに「育成者権の保護が必要」となったわけだ（表1）。

しかし近年までは、その他のほとんどの植物で農家の自家増殖が認められてきた。種苗法は、いわば「農家の特権（農民の権利）」を当然に認める法律だったのだ。

ところが農水省は、2017年に農家が勝手に自家増殖できない「禁止品目」を289種に急拡大。トマトやナス、ニンジンなど、一般的には栄養繁殖と認められない植物にまで範囲を広げた。

以来、農水省は禁止品目を毎年増やし（2020年時点では396種）、とうとう、すべての登録品種について、農家の自家増殖を原則禁止（許諾制）とする種苗法改定案を国会に提出したわけである。

表1　種苗法をめぐる年表

		自家増殖「禁止品目」の数
1947年	農産種苗法が成立	
1952年	種子法（主要農産物種子法）成立	
1968年	**植物の新品種の保護に関する国際条約（UPOV）**	
1978年	種苗法が成立 **UPOV78年条約を締結**	なし
1982年	UPOV78年条約に加盟	↓
1991年	種苗法を全面改定 **UPOV91年条約を締結**	↓
1998年	種苗法を一部改定、禁止品目を指定、無償譲渡も禁止 UPOV91年条約に加盟	23種
2004年	「植物新品種の保護に関する研究会」 **食料・農業植物遺伝資源条約（ITPGR）**	↓
2006年	種苗法施行規則改定、禁止品目を拡大	82種
2013年	ITPGRに加盟	↓
2015年	「自家増殖に関する検討会」	↓
2017年	種苗法施行規則改定、禁止品目を拡大	289種
2018年	平昌オリンピック開催	356種
2019年	種苗法施行規則改定、禁止品目を拡大	387種
2020年	種苗法改正案	原則禁止（許諾制へ移行）へ

※ゴシック文字は世界の動き、黒字は日本の動き。農水省は上記以外に、刑事罰の対象拡大、罰金額の引き上げ、育成者権の存続期間延長など育成者権を強める一部改定を行なっている

Ｑ５　種苗法改定でなにが変わるの？

Ａ　これまで例外として認められてきた農家の自家増殖が原則禁止（許諾制）になります。

今回の改定案の大きな柱は、農家の自家増殖を許諾制に移行することと、育成者の意図に反した海外流出の防止。農家の自家増殖はこれまで原則として認められていたが、改定案ではこの条文（第21条２）が削除され、育成権者の許諾が必要となるということだ。

また、新たな種苗法では育成者が品種登録時に「国内栽培限定」または「県内栽培限定」といった条件を付けた場合、それに違反する利用については育成者権が及び、利用の差し止めなどができるようになるという。

Ｑ６　すべての品種でタネ採りやわき芽挿しができなくなるの？

Ａ　自家増殖が禁止（許諾制）されるのは登録品種だけです。

作物には「**登録品種**」と「**登録外品種**」（農水省は「**一般品種**」と呼ぶ）がある。

登録品種には「育成者権」があって、種苗会社などがそのタネを採ったり売ったりするには、育成者の許可が必要だ。前述のとおり、農家の自家増殖は例外的に許されていたが、この登録品種のなかに、自家増殖ができない「禁止品目」があり、それが年々増えていた。

それが今回の改定案では登録品種はすべて、許諾なしに自家増殖できなくなる。ルールはシンプルになるが、農家の権利は制限される（26〜27ページの表２）。「登録外品種」（在来品種、登録されていない品種、および登録が切れた品種）はこれまでどおり、自家増殖や収穫物・種苗の販売が認められる。

種苗メーカーに対しては、販売する種苗に品種登録の有無（ＰＶＰマーク）を明記するよう、罰則付きで義務づける。カタログやホームページなどにも表示して、農家がタネを買うときに、自家増殖可能かどうか一目瞭然でわかるようにする。これは従来、登録品種かどうか、タネを買うときにわからないという声があったからだ。

家庭菜園は種苗法の対象外だが、登録品種の種苗の販売や譲渡は禁止されている。

その一方で、今回の改定案では、登録品種と類似した品種について、品種登録簿に記載された審査特性と照らし合わせて「登録品種と特性により明確に区別されない品種」であると「推定」できるという条項が新設された（改定案第35条の二）。この「推定規定」は育成権者による権利侵害の立証を容易にするものであり、自家増殖をする農家に対する権利侵害訴訟の乱発を招くのではないか、と危惧する声も上がっている。

Q7 在来品種・固定種とF_1のちがいは？

A 遺伝的な性質（形質）が固定されているか、一代限りかがちがいますが、F_1もタネは採れます。

固定種とは何代にもわたってタネを採り、選抜・淘汰を繰り返すなかで、遺伝的な形質が安定していった品種のこと。

固定種のうち、**在来種**は農家が自家採種（自家増殖）を繰り返すことで、その地域の自然・風土に合った作物となっていったもののこと。

育種家が育成した品種でも固定種はあるが、種苗会社では野菜の場合、多くの品種は雑種強勢を利用している。雑種第一代（F_1＝ハイブリッド）をタネとして生産している。雑種強勢とは雑種第一代においてその収量、耐性などの形質が、両親のいずれの系統よりも優れる現象をさす。

F_1種子ではその形質がF_2（雑種第二代）以降に引き継がれない（28ページの図）。したがって、その両親となる品種（純系）をもっていれば、毎年F_1種子を独占的に販売することができる。

一方で、「F_1品種はタネが採れない」というのは誤解である。雑種強勢は自然界でも起きている現象であり、F_1品種からもタネは採れる。

F_1からタネ採りを続けて優れた品種を生み出す農家もいる。

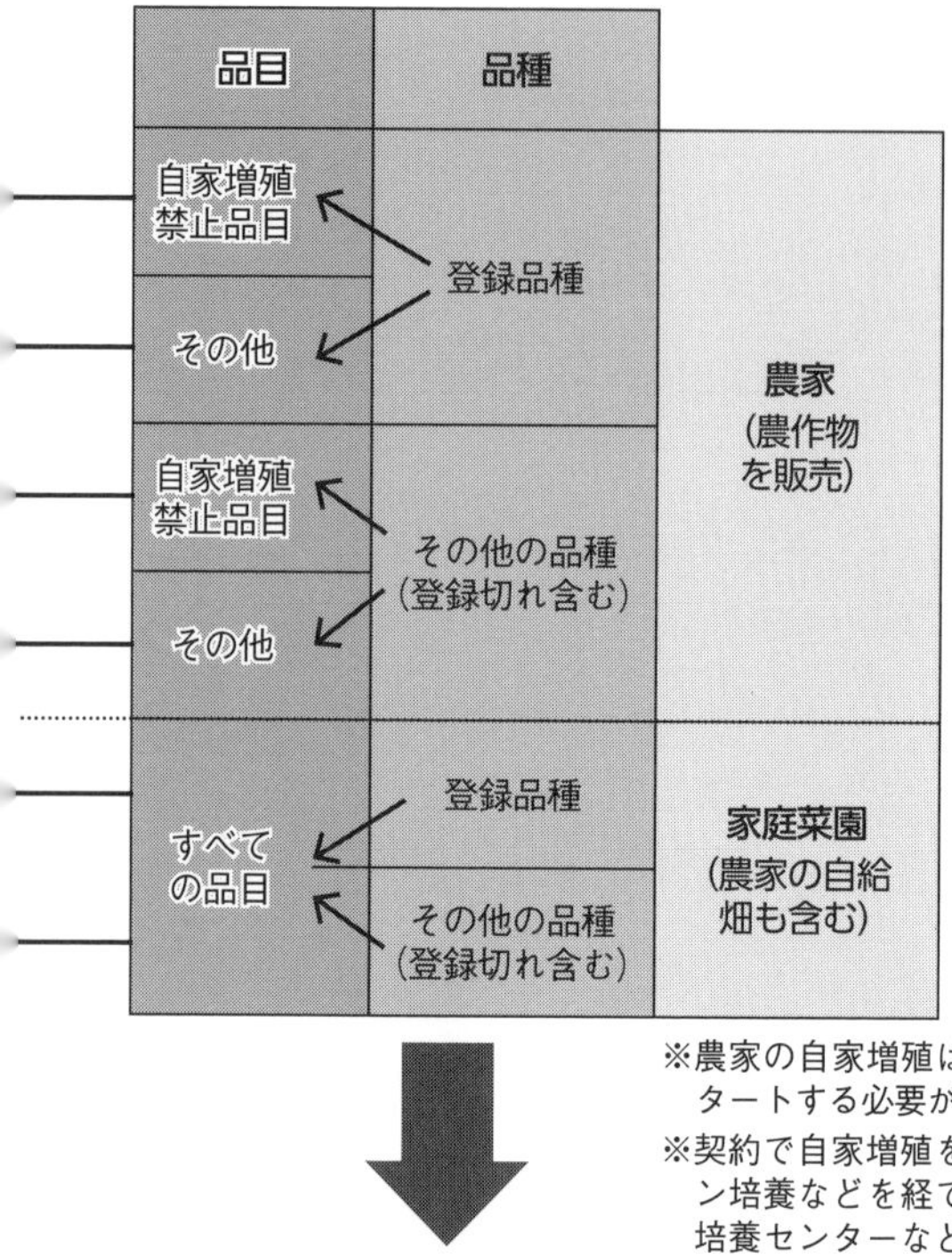

※農家の自家増殖は、正規に入手した苗、穂木でスタートする必要がある

※契約で自家増殖を制限されている場合、メリクロン培養などを経て増殖する場合、キノコの種菌を培養センターなどで増殖する場合は、自家増殖に利用許諾が必要

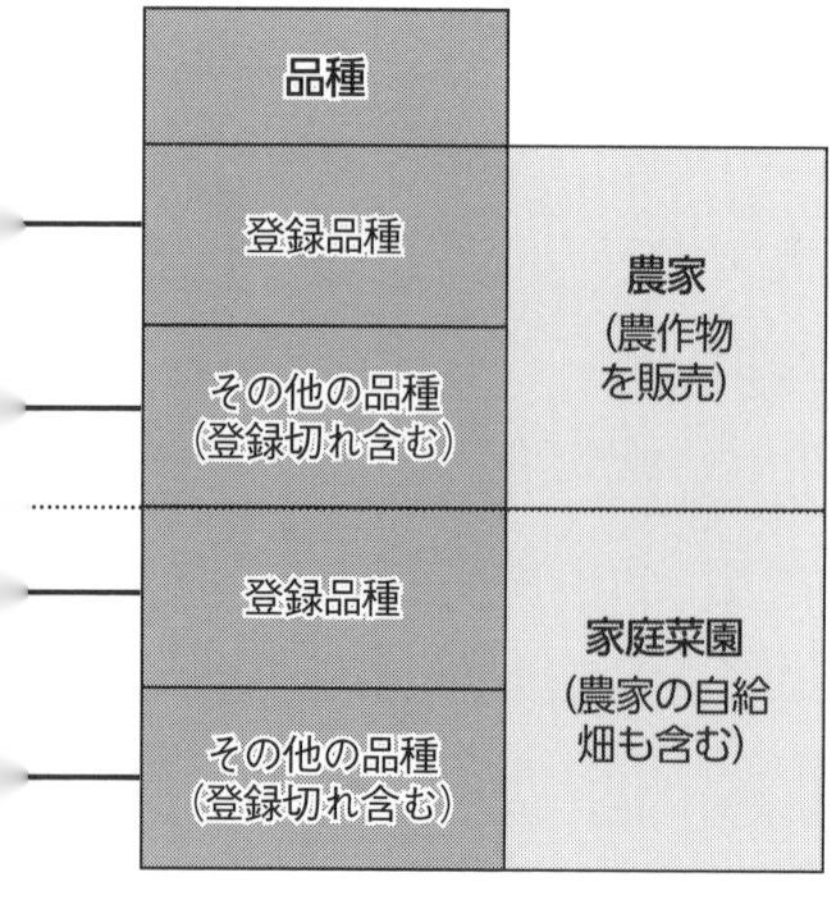

表2　現行の種苗法と種苗法改定案の自家増殖規定のちがい

「現行の種苗法」と農家の自家増殖

増やしたタネや苗の販売・無償譲渡	新品種育成・研究のための自家増殖	増殖した種苗による収穫物の販売	自家採種やわき芽挿し（自家増殖）
ダメ	OK	ダメ	ダメ
ダメ	OK	OK	OK
OK	OK	OK	OK
OK	OK	OK	OK
ダメ	OK	販売はしない	OK
販売はしない。譲渡はOK	OK		OK

「種苗法改定案」と農家の自家増殖

増やしたタネや苗の販売・無償譲渡	新品種育成・研究のための自家増殖	増殖した種苗による収穫物の販売	自家採種やわき芽挿し（自家増殖）
許諾が必要	OK	許諾が必要	許諾が必要
OK	OK	OK	OK
ダメ	OK	販売はしない	OK
販売はしない。譲渡はOK	OK		OK

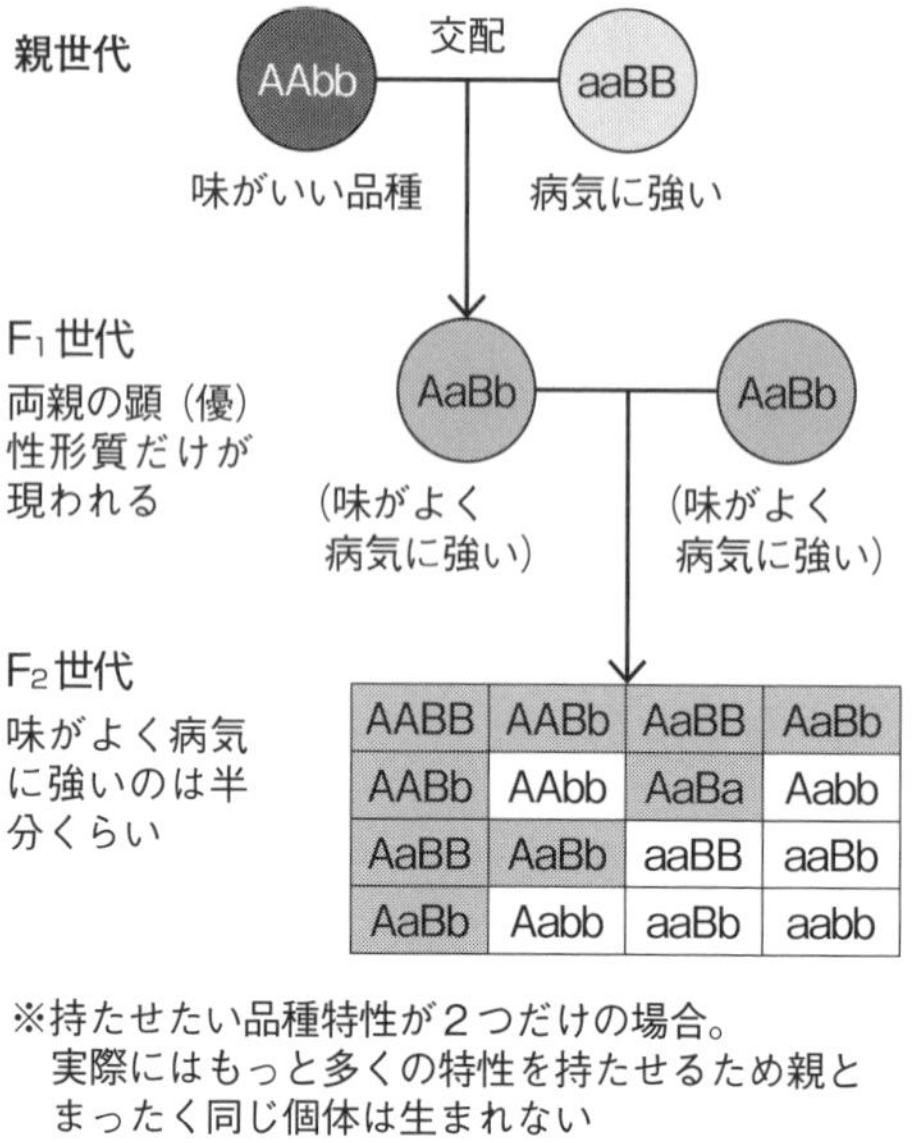

※持たせたい品種特性が２つだけの場合。実際にはもっと多くの特性を持たせるため親とまったく同じ個体は生まれない

図　F_1品種のしくみ

Q8　登録品種であれば F_1品種も自家増殖が禁止されるの？

A　F_1の採種は認められますが、わき芽挿しは禁止です。

前述のとおり、F_1の形質はF_2以降にそのまま引き継がれない（タネ採りができないわけではない）。

F_1を増殖しても「同一品種の増殖」には当たらないので、登録品種であってもF_1からの採種は今後とも自由である。自家採種したタネから育てた収穫物を販売することもできるし、自家採種を繰り返して新たな品種として固定できれば、タネの販売もできる（いずれの場合も親の品種名は使えない）。

野菜のなかで比較的登録の多いトマトでもそのほとんどはF_1品種なので、「自家採種」は認められる。ただし、親の形質がそのまま引き継がれるわき芽挿しによる増殖は、現行法でも禁止されている（「禁止品目」の登録品種の場合）。

Q9　いま、ほとんどの農家は タネや苗を買っているんじゃないの？

A　イモ類やマメ類など、自家増殖する農家が多い品目もあります。特に有機農業では、自家採種が主流です。

少々古いデータになるが、農水省が２００８年に行なったアンケートでは、自家増殖を行なっている農家の割合は38・2％であった。これに対して、「日本有機農業研究会」が２００９年に行なった調査（回答数５８６）の結果によると、自家採種をしている有機農家の割合は66・1％。うち、有機の種子の入手方法に限ってみれば、イネで80・6％、野菜やムギ類、マメ類で92・8％と大部分を自家採種が占めている。

化学肥料や農薬に頼らない有機農家にとって、市販の慣行栽培向けのタネではなく、有機農業に向く固定種のタネは重要な生産財である。自家採種したタネを仲間で分け合う農家も多い（51〜57ページ）

種苗法を改定するなら、少なくとも自家増殖にかかわりの深い有機農家の意見に耳を傾ける必要があるはずだが、政府の研究会や検討会に有機農家は呼ばれなかった。２００６年に有機農業推進法が成立し、農水省は有機農業を推進する立場だ。

有機農業を推進するといっておきながら、一方で自家増殖を制限し、その会議の場に有機農家の代表者を呼ばないというのは、筋が通らない話ではないだろうか。

Q10 「農家の自家増殖原則禁止」は グローバルスタンダードなの？

A 「育成者の権利」とともに「農家の自家増殖の権利」も国際的に認められています。

農家の自家増殖を制限する理由として農水省の担当者が挙げるのは「品種の海外流出防止」のほか、「育成者権の強化」と「グローバルスタンダードへの準拠」である。そして「グローバルスタンダード」というとき、その念頭にあるのはUPOV《ユポフ》91年条約（植物の新品種の保護に関する国際条約）やEUの法律で、そこでは農家の自家増殖が原則禁止であるという（注）。UPOV91には１９９８年に日本も加盟しているため、その原則に従うのは当然というわけだ。

しかし、その一方で、日本は２０１３年にITPGR（食料・農業植物遺伝資源条約）という国際条約にも加盟している。加盟数１４５カ国とUPOV91の倍近い国々に支持されている条約で、農家の自家増殖を「農民の権利」として認めている。

また、2018年11月には、国連が「小農と農村で働く人びとの権利に関する国連宣言（**小農の権利宣言**）」を賛成多数で採決。その19条には、農家が「自家採種の種苗を保存、利用、交換、販売する権利」を謳っている。

じつは、日本は「**小農の権利宣言**」の採択に賛成せず、棄権している。政府はその理由として「この宣言には、権利として広くは認められていないものがある。これには、種子の権利が含まれる」と述べている（草案時）。まさか農水省や政府は、UPOVはグローバルスタンダードだけど、ITPGRや国連の「**小農の権利宣言**」はそうじゃない、とでもいうつもりだろうか。

「育成者の権利」と「農家の自家増殖の権利」は本来、バランスをとって尊重されるべきものである（38～44ページ）。しかし、今の農水省と政府の姿勢は「育成者の権利」強化に傾きすぎていると言えるのではないだろうか。

農家による育種（品種改良）は自家増殖の延長線上にある。そして、育種には、農家と農業試験場などの公共機関、種苗メーカー（タネ屋）がときに競い合い、ときに協力しあうことで発展してきた歴史がある（64～69ページ）。タネをめぐって、過去・現在・未来に連綿とつながる物語を、ここでとだえさせるようなことがあってはならない。

（注）ただし、EU種苗法でも例外として飼料作物、穀類、バレイショ、油糧作物、繊維作物は許諾にかかわらず許諾料の支払いのみで自家増殖でき、小規模農民は許諾料の支払いも免除されているという。

〈参考資料〉

『現代農業』や『季刊地域』では2018年以降、継続して種苗法についての特集を組んできました。本記事はこれらの記事をもとにまとめました。

『現代農業』2018年2月号　今さら聞けないタネと品種の話
『現代農業』2018年4月号　やっぱり「農家の自家増殖、原則禁止」に異議あり！
『現代農業』2018年5月号　続「農家の自家増殖、原則禁止」に異議あり！
『現代農業』2018年9月号　続々「農家の自家増殖、原則禁止」に異議あり！
『現代農業』2019年4月号　種苗法　農家の自家増殖「原則禁止」に異議あり！
『現代農業』2020年2月号　農民の権利と農家の自家増殖
『現代農業』2020年8月号　種苗法改定に異議あり！
『季刊地域』33号（2018年春）これ変えて、ホントに「農業競争力強化」？

生みの親に聞く 種苗法誕生秘話

元農林水産省種苗課長 松延洋平さん

そもそも種苗法という法律はどういう目的で制定されたか？「植物の新品種の保護に関する国際条約」（UPOV）に合わせてつくられたと考えられているが、「種苗法の生みの親」ともいわれる松延洋平さんによれば、どうもそういうわけでもないようだ。そして、種苗法を作った当人ですら、近年の自家増殖禁止品目の大幅拡大の動きには大変驚いているという。2018年7月に行なったインタビューから、種苗法の成り立ちも含めて、種苗法に寄せる思いを再録する。

タネが大変だ!?

種子法廃止に引き続いて種苗法（編集部注：2017年に行なわれた施行規則改定＝自家増殖禁止品目の大幅拡大をさす）と、このタネを巡る問題に、農家はびっくりしているでしょう。僕も大変驚きました。

関心の広がりにも驚きました。3カ月前にね、講演する予定だった団体の担当者から、もともと話すはずだった内容をやめて、「種子法」についてしゃべって

松延洋平さん。農林水産省種苗課長、同消費経済課長、国土庁官房審議官などを経て退職。国内外の大学で教鞭をとる。2018年3月まで首都大学東京大学院客員教授。コーネル大学終身評議員

くれといわれたんです。そしてしばらくしたら、やっぱり「種苗法」についても話してほしいといってきた。

今、タネに大変な関心が集まってる。それも農家だけじゃない。F_1や固定種の意味も知らない消費者たちも関心を持ちだした。種子法と種苗法の違いもわかってない人が多いんだけど、とにかくタネが大変そうだと騒ぎ始めた。大混乱ですよ。

どうしてこうなってしまったのか。僕は第一に議論不足だと思う。種子法しかり、種苗法しかり。種子法が話題になった時には、すでに廃止が決まっていたでしょ。廃止が決まるまで、誰も問題にしていなかった。本来、廃止するからには、なぜ廃止するのか、廃止後にどんな問題があるのか、その是非を巡ってしっかり議論されるべきだった。今、種子法復活法案が出ているけど、一度廃止された法律を復活させるのは大変なことだよ。

種苗法の問題も同じ。いつの間にか変わってた。『現代農業』だって、騒ぎだしたのは自家増殖の禁止品目が増えて、だいぶ経ってからでしょう。

もちろん農水省は、ちゃんと有識者を呼んで議論したというんだろうけど、いってみれば、それは内輪の話じゃないか。パブリックコメント（意見募集）を取ったといったって、いったい、いくつ来たのかな。

そして勉強不足。騒いでる人も、そもそも種子法と種苗法がどんな法律かも詳しくは知らないはず。

勉強不足なのは農水省も同じ。なぜ農家の自家増殖が原則自由なのか。今の職員たちは、ちゃんと答えられないでしょう。原則禁止にするなんて、誰にいわれたのか知らないけど、グローバルスタンダードだからと結論ありきでことを進めていないだろうか。「モリカケ問題」みたいに、板挟みの官僚もいるんじゃないかな。

戦後のひどいタネを取り締まる「農産種苗法」

今日は、僕が大きく関わった種苗法の成り立ちについてお話ししよう。それはもう、大変な苦労をして作った法律なんだ。

僕が農水省に入ったのは１９６０年（昭和35年）。アメリカのコーネル大学大学院に留学して、帰国後、65年に農林水産技術会議の事務局に配属された。そこで上司の特命を受けて、育種問題に取り組むことになった。当時の農水省には、まだ種苗課すらなかったよ。

日本にはすでに「農産種苗法」という法律があったんだけど、これは種苗法とはまったく別物だった。今でいう品種登録とか、育成者権を保護するといったものではぜんぜんなかった。

農産種苗法が成立したのは1947年。戦後まもなくですよ。戦後の混乱期には、ひどいタネを売るやつがいてね。たとえば混ぜ物をして増量したり、発芽率の悪いのを売ったり、違う品種のニセ物を売ったり。農業は1年に1回でしょ。播いても半分しか芽が出なかったり、生食用キュウリと書いてあるのに硬い漬物用ができたり。そんないいかげんなタネを売られたんじゃ、農家はたまったもんじゃないでしょ。農産種苗法は、そうした詐欺みたいなタネを取り締まるための法律だった。種苗の名称を登録する制度はあったけど、今のような育成者権保護の考え方はまだなかった。

ちなみに52年、農産種苗法から独立分離する形で成立したのが種子法（主要農産物種子法）。こちらは米麦など穀物の安定生産に寄与する法律でしたね。

農家育種家の努力が報われない

その後、1950年代に入ると朝鮮戦争の特需があったりして、日本は豊かになり始めた。60年代には新幹線が開通して東京オリンピックが開催されて、世の中は大きく変わった。僕が種苗の問題に取り組み始めたのは、そんな時代だったんだよ。

その頃の農業は、振り返ってみると、かなり多彩だったと思う。自家採種はもちろん、農家の育種がまだまだ一般的だった。よりいい品種をつくろうというのは、農家の本能としてあったんだな。もちろん、いい品種をつくって儲けたいという人もいただろうけど、農家が育種するのは、それだけの理由じゃなかった。

広い野菜畑の中からとくにいい株を選抜してタネ採りしたり、果樹の枝変わりを見つけて育てたり、長年かけていい品種をつくる。そんな農家のオヤジが日本中にたくさんいた。家族はそんなオヤジを持て余していたりするんだけど、本人は朝夕晩と畑に出て作物を観察してる。これは素晴らしいというのが育つと、近所の農家に配ったりして、場合によっては、タネ屋が来てひとつ譲ってくれとなる。そしてしばらくすると、もう誰が育てた品種かわからなくなってしまうこともある。

ある日、毎日新聞に載った投書が今でも忘れられないよ。自分は奇人変人といわれながらも、長年かけて、これぞという品種をつくり上げた。しかし、名前も何も残らないと嘆く内容だった。たしか、福島県の果樹農家だった。

試験場の育種担当者の誇りが泥にまみれる

育種に精を出していたのは、各地の試験場も同じ。僕は種苗についてやれといわれて、全国30カ所を行脚したんだけれども、たとえば北海道では、当時ハッカの育種に取り組んでいた。

でも、合理化の波が押し寄せてきて、その後、ハッカは淘汰されてしまった。テンサイ（ビート）の育種もいったん民間に委譲された。ダイズもアメリカから大量に入ってくるし、もうやめようや、という話が出ていた。現場で頑張ってきた育種担当者は、忸怩たる思いをしていたんだな。

研究者の評価方法も、育種担当者には不利だった。評価の基準は論文や特許。でも種苗登録がない当時は、いい品種をつくっても正当に評価されにくかったんだな。実際には、農業において品種が持つ力はとても強い。育種担当者には、俺たちが日本の農業を支えるんだという誇りがあった。でもそれが評価されず、泥にまみれてしまった。見ていられなかったよ。

そんな農家や試験場の育種担当者の苦労に報いようと思ってつくったのが種苗法なんだ。タネ屋を儲けさせるためにつくったわけじゃないし、農家の自家増殖を取り締まろうなんてことも決して考えていなかった。

世界でも画期的だった種苗法の骨子

65年に種苗法をつくろうと動き出した時、世界を見回しても、品種を知的財産として法制化していた国はなかった。ヨーロッパ5カ国でUPOV（植物の新品種の保護に関する国際条約）が発効したのは68年。それも、まだ条約といえるようなもんじゃなかった。一方、アメリカでは特許法の一部（植物特許法）で、栄養繁殖性植物（塊茎植物を除く）の新品種だけを保護していた。有性繁殖植物の新品種保護はまだされていなくて、それは70年の植物品種保護法の制定からだ。

見本になるものがなかったから、僕は最初、通産省（現在の経産省）に行ったんだ。特許庁で、植物の品種も特許として認めてもらえばいいと考えたわけだ。そうすりゃ、苦労して新たな法律をつくらなくてもす

表　種苗法と国際条約を巡る年表

1947年	農産種苗法が成立
1968年	**植物の新品種の保護に関する国際条約（UPOV）**
1978年	種苗法が成立　**UPOV78年条約を締結**
1982年	UPOV78年条約に加盟
1991年	種苗法を全面改定　**UPOV91年条約を締結**
1998年	種苗法を一部改定、23種の自家増殖を禁止、UPOV91年条約に加盟
2004年	植物新品種の保護に関する研究会 **食料・農業植物遺伝資源条約（ITPGR）**
2006年	種苗法施行規則改定、自家増殖禁止品目を82種に拡大
2013年	ITPGRに加盟
2017年	種苗法施行規則改定、自家増殖禁止品目を289種に拡大

※**太字**は世界の動き、黒字は日本の動き。上記以外に刑事罰の対象拡大、罰金額の引き上げ、育成者権の存続期間延長など育成者権を強める改定を行なっている

む。

でも結果的に認めてもらえなかった。再現性がないというんだな。新品種といっても、肥料の量や日当たりによって、背丈が違ったり、葉の色が変わっちゃったりする。同じタネを播いても、工業製品のように、まったく同じには育たないでしょ。いわれてみりゃそのとおりなんだが、それが、特許法にはなじまないというわけだ。アメリカが植物特許法で栄養繁殖性植物の新品種に絞って保護していたのは、遺伝特性が比較的安定していると考えていたからだな。

それで仕方なく、一から制度設計したのが種苗法。種苗法の骨子は、流通する種苗を取り締まる「指定種苗制度」と、新品種保護のための「品種登録制度」の二本柱で、それは今も変わってない。農産種苗法の一部改正、改名なんてもんじゃなくて、丸っきりの新法だった。

種苗法の骨子ができたのは67年あたり。僕はそれを試しに、先進国のＯＥＣＤ（経済協力開発機構）約30カ国に発信してみたんだよ。そしたら、アメリカから農務省の役人と、種苗メーカーのパイオニアの社長がわざわざ僕に会いに来た。種苗法の中身が、非常に評価されたんだな。これは画期的だ。ぜひ一緒にやろう、といわれた。あれはビックリしたな。

若手民間育種家が世に出した種苗法

しかし結局、種苗法はいったんお蔵入り。これは国

の狭い了見のせいだった。品種登録制度ができれば、育種という点においては、国も地方自治体も同じ立場で競うことになる。地方でいい品種がたくさん登録されれば、国の研究機関としてどうかという意見があったんだな。

ところが、お蔵入りしたはずの種苗法がどこかから漏れて、それに注目した連中がいた。現在のみかど協和やトキタ種苗、渡辺採種場の社長、それに京成バラ園の鈴木省三といった当時の若手民間育種家たちだった。彼らが種苗法を成立させようと立法運動を巻き起こして、当時、東北農政局にいた僕を本省に呼び戻したんだよ。どうやら、後の農林水産大臣、山村新治郎（よど号ハイジャック事件で身代わりになったことで有名）に陳情したらしい。種苗法で新品種が保護されれば、彼らにとっても大きなメリット。なんとか成立を、と考えたんだろうな。

僕が東京に戻ったのがたしか72年。その後、当時の農産園芸局（現在の生産局）で検討を重ねて、種苗法は78年に成立した。じつに13年かかったわけだ。

農家の自家増殖は原則自由が当たり前

今問題の農家の自家増殖に関していえば、その78年に成立した種苗法では、まったく制限しなかった。なぜかって？　当然ですよ。当時はそんな考えはなかった。種苗法は農家育種、農家と一体的につくったものなんだから。

さっきもいったとおり、農家はいいものをつくろうとタネ採りをするものでしょ。新品種というほどの変化はなくたって、たんに増やしているわけじゃないんですよ。そして、タネ屋がいい品種をつくれば、そのタネをちゃんと買う。実際、当時から自家採種だけで経営している農家なんてそういないでしょ。だから自家増殖を制限するのは、事業として種苗を生産、販売しているところだけでよかったわけ。

農家の自家増殖は原則自由が当たり前。種苗法ができてから20年後、98年にバラなど一部の栄養繁殖性の品目にしょうがなく制限をかけたけど、それは僕が農水省を離れてだいぶ経ってからの話です。

UPOVに合わせてつくられたわけじゃない

種苗法ができた78年に、UPOV78年条約が締結しているけど、それは単なる偶然です。日本の種苗法は

ＵＰＯＶを模倣したわけでも、それに準拠してつくられたわけでもない。ＵＰＯＶがグローバルスタンダードで、日本の種苗法は遅れているといった意見があるようだけど、ちょっと勉強不足なんじゃないかな。

農水省は、ブドウやイチゴなどの品種の海外流出を防ぐためにも、日本の農家の自家増殖を制限したいといっている。イチゴについては２０１８年２月の平昌オリンピックでも話題になったよね。カーリングの選手が韓国のイチゴを食べて、えらく気に入ったとか。それが、日本の品種を親にしていたとかで、けしからんとなったわけだ。

しかし、これもお門違い。『現代農業』の２０１８年４月号で紹介していたように(注)、日本の農家の自家増殖を制限したところで、新品種の海外流出は防げないでしょ。

自家増殖原則禁止になったらどうなるか

「自家増殖は原則禁止」となっても、もちろん、制限されるのは登録品種だけ。それ以外の品種、たとえば在来種などは、今後も自家増殖を続けられるはず。

しかし、これは大きな転換になると思う。農家の自家増殖は基本的にＯＫだけど、一部ダメなものがある。そういわれるのと、原則禁止だけど一部ＯＫなものがあるというのでは、まったく印象が変わるでしょ。

よりいいものをつくりたい。そう思う農家の心は今も変わらないと思う。しかし原則禁止といわれると、萎縮してしまって、よりいいタネを選抜して育てようという農家の本能が廃れてしまうかもしれない。そもそも農家の育種は自家増殖と一体だ。育種はいいけど採種（増殖）はダメなんて理屈が通るのか。種子法を廃止する際、農水省は「民間活力を最大限に活用する」と謳ったけど、最大の民間活力は農家にあるはず。育種は種苗メーカーにお任せとなれば、結果的に、日本の育種力は落ちてしまうんじゃないだろうか。僕はそれが心配だ。（談）

【初出】『現代農業』２０１８年９月号

（注）編集部記事では、仮に日本国内で農家による自家増殖を禁止しても、購入した苗だろうが、自家増殖した苗だろうが、持ち出そうと思えば持ち出せてしまうこと。一方、中国にも日本の種苗法のような法律があり、たとえばブドウのシャインマスカットであれば、農研機構が申請すれば中国で品種登録できたはずであり、その申請期限（自国内での譲渡開始後6年）に間に合っていれば、果樹の場合、20年間は品種が保護されたと指摘していた。

「育成者の権利」に対して「農家の育種の権利」が軽視されすぎている

大川雅央

農民の権利という言葉を聞いたことがあるでしょうか。一言でいえば、農家の自家採種の自由を中心とする権利ということができます。自家採種の視点から農民の権利について考えてみたいと思います。

命と引き換えにタネを守った作兵衛さん

最初は私の子どもの頃の話です。

私は愛媛県の松前《まさき》町という水田地帯で育ちました。実家から少し離れた所に小さな公園があって、義農作《ぎのうさく》兵衛《べえ》という人の銅像がありました。江戸時代の享保の大飢饉の年（１７３２年）、麦の俵を横に置いて、ガリガリに痩せた作兵衛が座っている像です。俵の中には翌年播種するために残しておいた麦種が入っています。これを食べてしまうと来年の収穫は望めません。結局、作兵衛は「農は国の基、種は農の本」と言って、麦俵を枕に餓死します。おかげで村人たちは、作兵衛が残した麦種を一粒ずつ大切に播き、生き延びることができました。作兵衛の功績を後世に伝えるために「義農」と称えて碑が建てられたとのことです。

農民の権利は、政府が実現に責任を持つ集団的な権利

農民の権利（Farmers' Rights）は、国連食糧農業機関（ＦＡＯ）を舞台にまとめられた食料・農業植物遺伝資源条約（ＩＴＰＧＲ、２００４年に発効、日本は13年に加入）の第9条に次のように規定されていま

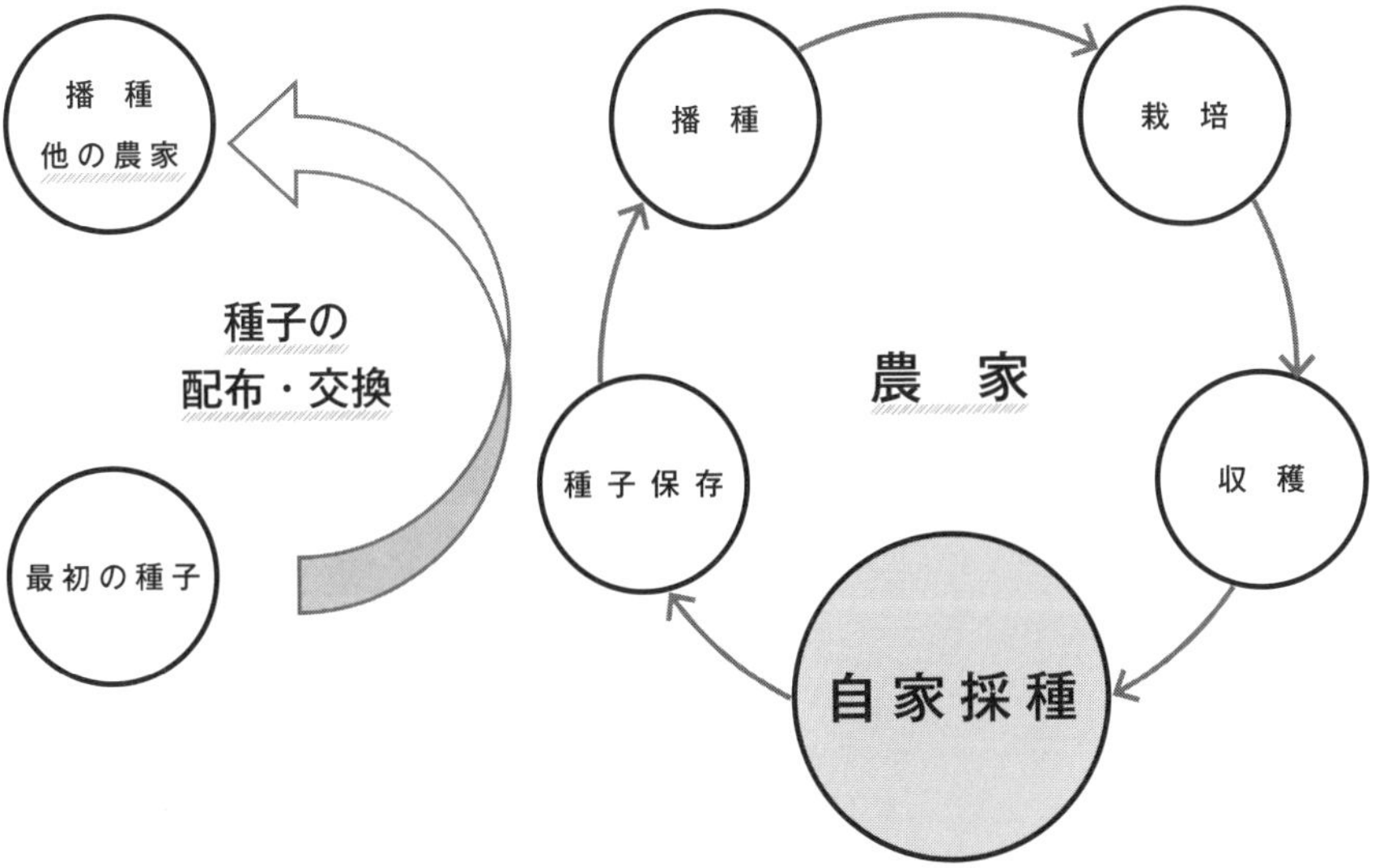

図1　農家の自家採種の慣行

す。

「締約国は、世界のすべての地域の農民が食料生産及び農業生産の基礎となる植物遺伝資源の保全及び開発のためにきわめて大きな貢献を行なってきており、引き続き行なうことを認識する。農民の権利を実現する責任を負うのは各国の政府であることに合意する」

このように農民の権利は、世界の農民が農作物の遺伝的多様性の保全（生息域内保全）や改良に果たしてきた、また、これからも果たすであろう貢献に由来する権利と考えられますので、農家の自家採種の慣行を維持する権利がその中核になっているといえます。（注）

農家の自家採種の慣行とは、図1に示したように、農家が自分の圃場で作物を栽培して収穫すると同時に、収穫物の中からこれはと思う良い種子を選抜・採種し、保存しておいて、その種子を翌年、播種し栽培する一連の循環のことです。また、保存した種子の一部は、隣の農家に配布したり交換して地域で共有することも含まれます。

ＩＴＰＧＲ第９条では、前記の権利の他に、農民の権利として伝統的知識が保護される権利や利益配分に参加する権利、意思決定に参画する権利が例示されています。また、農民の権利は私的な知的財産権ではなく、政府が実現に責任を持つ集団的な権利といえます。ITPGRの最近の決議においても、シードフェア（種子の展示即売会）等を実施することによって農民の権利を実現するよう各締約国に求めています。このことは、国連の持続可能な開発目標（SDGs）、特にターゲット項目「2・5」の、2020年までに種子や栽培植物等の遺伝的多様性を維持する目標の達成にも貢献するとしています。

農民の権利と育成者権の関係

一方、品種の育成者の権利は、日本では種苗法によって育成者権として保護されています。育成者権は、国に登録した新品種（登録品種）を増やす（増殖する）権利のことで、育成者権者が占有している権利です。

ただし、育成者権の例外の一つとして、趣味としてまたは自家消費用に登録品種の種苗を生産し収穫物を得ることにはこの権利の効力は及びません。また、登録品種以外の在来品種のような既存品種にもこの権利は及びません。

農民の権利が育成者権との関係で問題になるのは、農家が登録品種の自家採種をしようとした場合です。種苗法では、農家の自家採種を「農家の自家増殖」と呼び、「農家が正規に購入した登録品種の種苗を用いて収穫物を得、その収穫物を自己の農業経営においてさらに種苗として用いること」として、一定の条件の下で認めています。

ここで問題点の一つとして、農家が慣行として行なってきた農家間の種苗の配布・交換については、自己の農業経営の外に出すことになるので、現在の種苗法では有償無償を問わず禁止されているということがあります。

自家増殖できる品目がどんどん減らされている

もう一つの問題点は、自家増殖できる植物の範囲が限られていることと、その範囲が少しずつ縮小していることです。種苗法が成立した1978年には、農家の自家採種の慣行に配慮し、農家の自家増殖を認めない植物は、挿し木等によりきわめて容易に繁殖するキク等の花卉類48種類とバラ等の観賞樹59種類に限られていました。しかし2018年現在の種苗法においては、原則として農家の自家増殖には育成者権の効力が及ばないとしつつ、例外的に、自家増殖できない栄養繁殖をする植物のリスト（ネガティブリスト）を定めていて、289の植物の種と属が指定されています。栄養繁殖する植物には栄養繁殖と種子繁殖の両方が行なわれる植物も含むため、当初のリストにはなかったニンジン、キャベツ、ブロッコリー等の通常種子で繁殖する野菜類も含まれており、今後、随時拡大される方向とのことです。

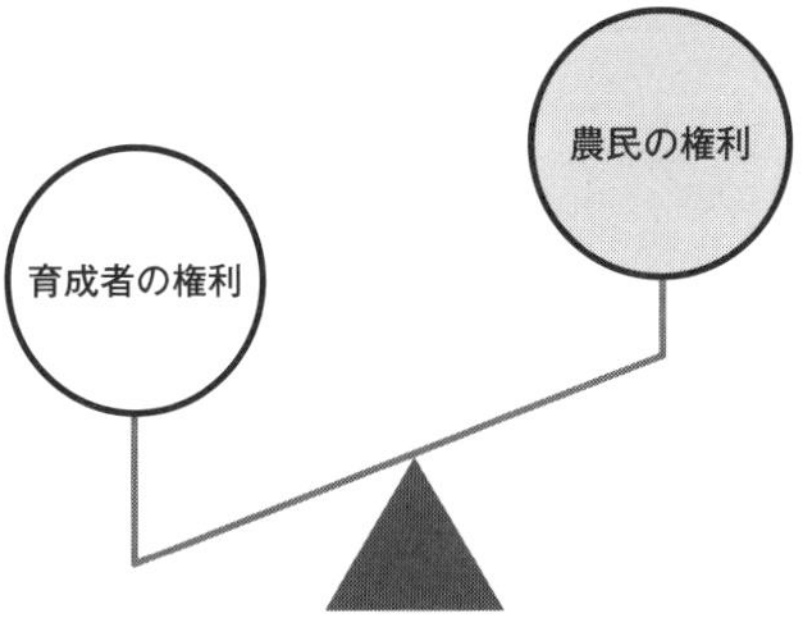

図2　政府によって育成者の権利の強化が進んでいる。農民の権利とのバランスをとることが必要

将来的にこの方向が進むと、ネガティブリストが長大になるのを避けるため、農家の自家増殖を原則禁止としたうえで、自家増殖ができる植物のみを指定したリスト（ポジティブリスト）になることが懸念されます。

取り組む農家が少ないから禁止、は間違い

今後、農民の権利と育成者の権利の最適バランスを見出すために、農民の権利を実現する視点からは、次のことが指摘できます。

一つは、種苗法において農家の自家増殖を原則容認する現在の構成を維持すること、次に、自家採種を行なっている農民の代表を、意思決定の過程に参画させることが必要と考えます。

それから、政府が策定している「農業者の自家増殖を制限する植物の基準」の一つに、農民の権利の視点を入れる必要があります。自家増殖を行なう農家の数が少ない植物だから自家増殖を禁止してもよいことにはならないと考えます。このような植物の自家採種を容認しても、特に小規模に行なっている場合は、種苗業者への影響は小さいでしょう。一方で、それを禁止

のらぼう菜　（写真＝依田賢吾）

することは個別農家にとっては大きな影響があると考えられるからです。農家の自家増殖の禁止が行きすぎると、自家採種をする農家が減少し、農家の後継者も育たず、結局、農家による種子の購入量が減少して種苗業者の利益にもならないことが想定されます。

自家採種をサポートする態勢も必要

東京都西多摩地方などで栽培されている「のらぼう菜」というアブラナ科の地域在来野菜品種があります。柔らかくてほのかに甘みのあるトウ立ちした花茎を折り取って収穫します。収穫後は、葉がしおれやすいためスーパーには出回らず、直売所に出荷されることが多いようです。

　のらぼう菜は、アブラナ科には珍しく自家和合性で自家採種に適します。自家採種した種子は多様性に富んでいて、赤みの強いものから緑色のものまで個性のある個体が出現するようです。

　私の自宅近くに無農薬でのらぼう菜を栽培している農園があり、そこでは畑が直売所になっていて、農家のおじさんがのらぼう菜の花茎を目の前で折り取って販売してくれます。のらぼう菜を話のタネにした会話も楽しく、この農園があることが、私にとっては地域で暮らすこころの拠り所の一つになっています。なお、この農園では自家採種はせず、種子は近くのタネ屋から買っているとのことです。

　このように、自家採種の循環の輪を個人で完結できない場合には、地域のタネ屋や種子貯蔵施設等を加えた循環の輪を維持するというのが現実的な解決策かもしれません。

また、自家採種した農作物は特性に多少のばらつきがあるので、ばらつきがあっても販売できる直売所を確保する地域のサポートも必要ではないでしょうか。

農家が自家採種を続けることの意味

ノルウェー領スバールバル諸島のスピッツベルゲン島には、「地球最後の日のための種子」を保存している世界種子貯蔵庫（Svalbard Global Seed Vault）があります。「種子の箱舟」とも呼ばれています。永久凍土層にあるので、冷却装置が故障してもマイナス4℃を保てます。地球温暖化で海面が上昇しても海抜130mの地点にあるので大丈夫です。病気が蔓延したり、核戦争が起きたとしても作物の種子が絶滅しないように2008年2月に完成し、今年11年目を迎えています。

世界種子貯蔵庫は無料で種子を保管してくれるので、世界中から種子が送られてきています。最大450万種の種子が保管可能とのことです。この「種子の箱舟」からは、これ以上地球から種子が失われると人類は生き残れないという声が聞こえてきます。

種子は農の本であり人の命を支えています。また、農作物の遺伝的多様性を保全し、地球温暖化等の将来の環境変動に対して人類の生存を担保します。そして農家は、自家採種を続けることで農作物の多様性を保全し、地域の文化を保存し承継する者として農業に自信を持つことができて、後継者も育ちます。私たちは、自家採種する農家とふれあうことで、日々の生活への潤いと地域で生きる意味を感じ取ることができます。

農民の権利から生まれるものには広がりがあり、地域をつなぐ力があります。現在、農家の自家採種の慣行を維持することが世界から求められています。農家が自家採種の取り組みを続けられるよう、農民の権利の考え方とその背景も理解したうえで、政府や消費者を含めた地域の人たちが農家の自家採種の取り組みを支援してほしいと心から思います。

【初出】『季刊地域』2018年春号（33号）

（注）国連総会は2018年12月、「小農と農村で働く人々の権利に関する国連宣言（小農の権利宣言）」を、開発途上国を中心とした121カ国の賛成多数で採択した。一方で、米国、英国、オーストラリアなど8カ国が反対し、日本と欧州の多くの国々（54カ国）は棄権した。この「小農の権利宣言」に法的拘束力はないものの、第十九条に明記されている「種

子の権利」では、小農は種子に対する権利として、食料・農業植物遺伝資源に関する伝統的知識が保護される権利、利益配分を受ける権利、意思決定に参画する権利、自家採種の権利を有し、その実現の責任は締約国にあるとしており、ITPGR第9条の内容が繰り返されている。

おおかわ・まさお　1956年愛媛県生まれ、国際農業開発学博士。東北大学農学部卒業後、農林水産省入省、農林水産省農蚕園芸局種苗課審査官、（独）農業生物資源研究所ジーンバンク上席研究官などを経て2016年退職。

農家、育種家に聞く

タネ採りは栽培の主役　遠ざければ作物の全体像がわからなくなる

石綿　薫

私は、(公財)自然農法国際研究開発センターを退職後、農業を営んでおり、その傍らで育種も続け、営農品目の野菜のタネの6割くらいは自家育種・採種して使っている。

オリジナル品種の育成は時間も手間もかかるが、世代を重ねると、地域の風土やうちの栽培方法に適応してくることが収量の増加でわかるし、食味・品質は直売所での販売や飲食店への直販でお客さんの反応から知ることができ、非常にやりがいを感じる。農業を通して品種が生み出され、品種がその農業を支えるというタネと農業の関係を実感している。

野菜に関していえば、農家の自家増殖原則禁止の方向性はちょっと違うのではないかと思う。

「自家増殖はやっちゃいけない」と思わせるのがねらい？

まず大前提として、果樹の種子繁殖や野菜のF_1品種をタネ採りする場合は、次世代はまったく異なる系統になってしまうので、それは自家増殖とはいわない。

また、現行の種苗法の下では品種登録されていても、農家が自分の経営の範囲内で行なう自家増殖は原則自由とされてきたが、増やした種苗を無断で他人に販売したり分けたりすることはできない。それに、原則自由とはいえ、省令で定められた、農家が自由に自家増殖できない種類のリストが存在する。

2017年3月の種苗法施行規則の改定では、このリストが82種から289種に増え、その中にはトマトやナス、キュウリ、スイカ、メロン、ダイコン、ニンジンも追加されている。したがってトマトの挿し芽繁殖は、その品種が品種登録されているなら営利栽培ではやってはいけないことになった。トマトやナスを挿し芽で増やしている人もいるようだし、登録品種については自家増殖とはいえ営利利用に制限をかけるのは理解できる。しかし、ダイコンやニンジンを栄養繁殖するのは困難だしメリットもないだろうに、なぜリストに入っているのかはよくわからない。

このリストを見ると、農作物の自家増殖はやっちゃいけないんだ、という印象がどーんと伝わってくる。栄養繁殖が意味を持つのかといった物事を整理した話ではなく、とにかく増殖禁止だという印象だ。狙いはそこにあるのかなと勘ぐりたくもなった。

種子繁殖に関しては、F_1品種の種子繁殖は増殖にはならないので、リストに入っている種類については、固定種のうち、品種登録されているものが増殖利用禁止ということになる。登録の有無や育成者権が継続しているか調べないと取り組めなくなった。

さらに今回の種苗法改定では、すべての品目の登録品種について自家増殖は原則禁止（許諾制）になる。現行の種苗法では、登録品種であっても、農家が収穫物の一部を自身の次作の種苗として用いる形の自家増殖ができる規定（第21条2）があるのだが、これが丸ごと削除されるという。たとえば、ダイズやジャガイモなどの収穫物は農産物でもあるし、同時にタネでもあるので、これまでの種苗法は、自園内で増やしたタネを自らの営農に使うことは農家の権利として認めつつ、育成権を保護するための枠組みを規定する法律であった。それは作物を栽培すれば次世代のタネが生じるという農の本質と人間の経済活動・社会のルールとのバランスをとる方策のように思う。

非登録品種（一般種）は対象外、許諾料は安く、手続きは簡便にする方策を講じる、家庭菜園は対象外といった説明もなされているが、本質はそこじゃないだろう。播かれた土地に根を張り次世代を実らせるという栽培植物と農業との当たり前の関係を、登録品種だけは除外しようという、ずいぶんと人間本位な話だと思う。

自家採種をすれば タネ屋さんの大事さもわかる

さて、ここで自家増殖可能な固定種を実際に自家採種して営農に使うにはどういう過程が必要になるのか、あらためて考えてみたい。

たとえば、ダイコンを10ａつくろうと思ったら、500㎖くらいのタネが必要だ。良好な状態の母本からタネが採れたとして、ダイコン母本は10本くらい必要だろう（本当は最低20本くらいほしい）。それをタネ播きから採種まで病気にならないように管理し、タネを刈り取り、脱穀、莢を割って、ゴミを除き、篩や風選などで調製して、適切な水分で保管……と挙げればキリがないくらい細かな工程がある。

葉根菜類は農家が取り組むにはずいぶんハードルが高いと思う。果菜類は、栽培面積当たりのタネの必要量と採種生産性から見れば比較的取り組みやすいけれど、それでも交配管理から調製まで片手間でさくっとやるレベルではすまない。自分で取り組んでみれば、技術もいるし、道具も必要で、時間も手間もかかることがわかるのだが、そもそも種子の増殖って、多くの人がどんどんやってしまうのを心配するようなものではないだろう。

種苗法や育成者権の周知とともに、タネがどうやってできるのかも世の中に広めていったら、おのずとタネ屋さんの仕事の大事さが理解されるだろうなと思う。それを「原則禁止」にしてしまっては、登録品種かどうかいちいち調べたり、実際にタネ採りするのも手間がかかるしで、タネがますます縁遠いものになるのかなと思う。

タネ採りを遠ざけたら 作物の全体像がわからなくなる

そもそもタネは肥料や農薬と同列に並べる資材ではなく、作物栽培の主役である。タネは生きものであり、それは自力で育つものであり、栽培とはその育ち方を理解し、サポートすることである。だから、農家はタネ（品種）の特徴・生理生態を理解する必要があるし、能力・持ち味を活かし、弱点をカバーする使い方をしなきゃいけない。

作物は植物としての歩みがあって今の姿となり、生きものとしての一生があって、その一部が農業で利用されているととらえると、その作物が乾燥気味が好きだとか、アンモニア態チッソを好む性質があるといった個別の性質が、その作物の歴史と生態のひとつなぎの物語として理解できると思う。作物の生き様物語（全体像）がわかっていれば、自分の田畑に当てはめるにしても、異常気象に対応するにしても、何を優先すべきかが判断できるだろう。

タネ採りは作物の一生を見ることである。タネ採りができるだけ身近にあったほうが、その地域で、あるいは農業界全体として、作物を丸ごと理解できる機会を失わずにいられることになると私は考える。大量の情報が日々生み出されるなかでは、栽培に関する情報も種苗や採種に関する情報も、本来は連綿とつながって存在している生きものの世界や土の世界が、ブツブツと細切れの情報になっていくように感じる。

タネ採りが遠いものになったら、先人たちのつくってきた品種や農の知恵さえも、ぶつ切りの情報の断片になりはしないか。伝承技術や生物学・農学のつながった体系に新しい情報をつないでとらえることは容易ではないが、つながって影響しあって丸ごと存在しているのが自然の姿なのだから、いつも現場に落としてとらえることが必要だろう。

農家の自家増殖は原則自由としたい

ＩＴＰＧＲ（食料・農業植物遺伝資源条約）とＵＰＯＶ（植物の新品種の保護に関する国際条約）のなかで謳われている「農民の権利」としての農家の自家増殖が、条約の解釈で途上国の農家のことになったり、種苗関連産業振興の引き合いにされたりするというのは不可解だが、農家の自家増殖・自家採種は、それ自体が本質的に遺伝資源の保護・維持の場でもあるというのが条約をめぐる議論にあることは想像に難くない。日本の伝統野菜や在来種しかり、世界の品種の多様性も、農家による自家増殖と官民による品種改良や交易が相まって広がり、今の姿があるのだ。

国連の「小農の権利宣言」（2018年12月採択。賛成121：反対8：棄権54カ国、日本は棄権）でも、「自らの食料や農業に関する政策や制度を自ら決定する権利である食料主権」（十五条）や「適切な生活水準を維持できる価格で生産物を販売する権利」（十六条）とともに、「自家採種を行う権利、手頃な価格で種子を手に入れる権利」（十九条）が農家、農業を核とした地域社会で暮らす人々の権利として掲げられている。

遺伝資源（公共財）の維持を保障するためには、農民の権利として自家増殖を原則自由とし、もちろん育成者権との整合性も取って種苗法を整備するというのが最も自然なあり方のように思う。

今回の種苗法改定がもくろむ農家の自家増殖の原則禁止が何をもたらすのか。現代日本では当面の混乱はないのかもしれない。しかし遺伝資源の概念、自家採種の役割と育成者権の考え方が伝えられずに原則禁止という言葉だけが独り歩きすれば、タネ採りは何でも禁止という風潮になりかねない。そうなれば、これまでの栽培品種の多様性を維持・発展させてきた人とタネとの関係がうまく回らなくなっていくのではないか。

タネ採りが身近でなくなれば、野菜がタネをつける植物であることを知らない農業者がタブレットを見ながら野菜つくっているなんて未来がやってくるかもしれない。人類とタネがともに歩んできた歴史を引き継いで発展させていく未来、みんなのタネをみんなで共有する農のあり方が志向されていくべきだと思う。

いしわた・かおる　種苗会社勤務を経て2002年～2014年公益財団法人自然農法国際研究開発センターにおいて、研究員として有機栽培向けの品種開発、農薬を使用しない病虫害防除を研究。2015年からは長野県松本市で就農してトマトを中心とした栽培に取り組んでいる。

有機農業にとって自家採種とタネの交換はなぜ必要か

林 重孝

自分の畑に合った品種をつくれる

有機農業を始めて40年になります。作付面積は2・4haで、野菜を中心に小麦、大麦、大豆、小豆などの穀類、クリ、キウイフルーツ、ギンナンなどの果物、合計80品目をつくっています。そのほか平飼いでニワトリを150羽飼っています。生産された農産物は、提携しているレストランや消費者130軒へ。うち110軒は自分で直接玄関まで配達しています。

わが家の作物は品種の数でいうと150品種以上あります。そのうち60品種以上が自家採種です。作付面積でみると3分の2弱を自家採種していることになります。最初からこれだけ自家採種していたわけではありません。簡単なものから始めて徐々に増やしてきました。

それに、毎年これらをすべて採種しているわけではありません。タネを冷蔵、冷凍することで賄っている

筆者が自家採種しているタネ。越谷ねぎや中国チンゲン菜は4年前に採種したものを冷蔵。冷蔵で5年は保存できる。冷凍（家庭用の冷凍庫でいい）ならもっと長期保存が可能。乾燥剤入りの容器に密封して水分をほとんどなくした状態で冷凍する

ものもあります。台風などで採種できないこともあるので、天気に恵まれ、採種条件がいい時は10年分以上を採種することもあります。

タネを自給することの最大のメリットは、種苗会社に依存することなく、自分好みの品種をつくれることです。経費も節減できます。また、種苗会社のタネは、半数以上が農薬で消毒されています。有機ＪＡＳでは、有機圃場で採種し、種子消毒されていない種子が望ましいとされていますが、有機圃場で自家採種すれば安全性にもこだわったものになるといえるでしょう。

逆にデメリットは、タネが採れるまで圃場を長く占有することと、採種の手間がかかることです。

有機農業に向くタネを交換し合う

私が役員を務めている日本有機農業研究会では、有機農業の先駆者、故大平博四《ひろし》氏（東京都世田谷区）や金子美登《よしのり》氏（埼玉県小川町）の発案で、１９８２年に関東地区での最初の種苗交換会を金子氏の自宅で開きました。有機農業が普及しない原因の一つにタネの問題があります。市販のタネは化学肥料や農薬の使用が前提で、有機農業には向いていません。農家には先祖伝来自家採種し続けている在来種があり、農薬や化学肥料のない時代からつくられてきたものなので有機農業に向いています。その種苗を交換することで有機農業に役立てようという目的でした。

ブドウの巨峰を育成した故大井上康《おおいのうえやすし》氏は「品種にまさる技術なし」という名言を残しています。品種の

表　種苗交換会の開催要領

1	種苗を自家栽培し、種苗の自家採種・繁殖を行なっている方、行ないたい方は、交換する種苗のある・なしにかかわらず参加できる。ただし、種苗販売業者とその従業員は参加できない。
2	参加料は１人500円、同伴家族は無料。
3	交換する種苗は自家採種した種苗に限る。他人の種苗登録その他の権利を侵害する種苗は交換に出さないこと。
4	交換する種苗は小分けし、それぞれに住所・氏名、種苗の品目・品種名、特性、栽培・採種方法を記載した書面を添付し、会場に展示する。
5	交換する種苗を持参、展示した方は、展示された種苗の中から希望するものを持ち帰れる。
6	種苗を持参した方々による交換が終わった後、余分の種苗は、交換種苗を持参しない方も持ち帰れる。ただし１口1000円以上のカンパをお願いしている。
7	持ち帰れる種苗は、交換する種苗を持参した方・持参しない方とも、品目・品種名ごとに１種苗。同じ品目・品種名の種苗でも提供者が異なる場合は提供者ごとに１種苗を持ち帰れる。
8	持ち帰った種苗は自家栽培するとともに、種苗の自家採種・繁殖に努める。持ち帰った種苗で種苗登録を受けるなど、提供者の権利を侵害するようなことはしない。
9	交換する種苗についての品種その他の保証はできない。

違いは、色にも形にも、さらに味にも及びます。品種すなわち種苗がいかに大事か、痛感されます。それだけに、有機農業にとって、有機農業に向く品種を用いることはきわめて重要なのです。

現在普及しているのは種苗会社がつくり出す一代交配種（F_1）です。F_1とは、種苗会社が高収益を得るために異なる性質の品種を交配させてつくり出したもので、F_1から採種すると形質が分離して現われるので、親と同じ個体にはなりません。これに対して固定種、在来種は代々同じ形質が伝わり自家採種できます。ですから、F_1だと種苗会社から、毎年タネを買い続けなければなりません。経費はかかるし、種苗会社に生産の根本の部分を握られていて、農民の自立という観点からみると非常に脆弱になっています。

関東地区の種苗交換会は今も農家を会場に毎年行なわれていますが、日本有機農業研究会以外の有機農業の団体でも各地で開催されるようになっています。なお２００２年に、種苗交換会がスムーズに行なえるように開催要領（表）を策定しました。

畑よりも流通の都合が優先されてきた

慣行農法では、ダイコンといえば耐病総太り、トマトといえば桃太郎というように、特定品種に集中しがちです。品種が集中する理由の一つに、土壌・気象条件など地域による多様性を無視し、農薬や化学肥料の使用で生産の効率化を図っていることがあります。

また、流通が広範囲になり、トラックで輸送しやすい品種が好まれます。皮の薄いスイカはおいしいですが、割れやすいので嫌われます。段ボール箱に入れにくい品種も嫌われます。三浦大根はおでんなど煮て食べるとおいしいダイコンですが、中太りといって、頭としっぽが細くて真ん中だけが太い。これではうまく段ボールに入りません。

市場流通では、弁当屋やファミレスなどの外食産業の力が強く、外食産業が好む品種になっている面もあります。ニンジンだと、味はまずくても、付け合わせにおいしく見える色の濃い品種が好まれます。コンビニのおでんはお盆過ぎから始まりますが、三浦大根は切ったときに大きさがばらつくので嫌われ、頭からしっぽまで同じ太さの総太りダイコンが好まれます。キュウリの今の品種は驚くほど21～22㎝に揃っています。これは、海苔の幅が20㎝で、カッパ巻きにしたときに頭としっぽを切り落とすとちょうどうまく収まるからです。

食味の面からみると、野菜の持っている本来の味を薄くした品種が好まれます。味が濃すぎると、シェフが調理しにくいからです。辛味、酸味などは嫌われ、より甘味の強いものが好まれるという傾向もあります。

在来種は味が濃い

他方、有機農業の場合は、「提携」により直接消費者に届けることで、品種自体が正当な評価を受けることになります。一般に在来種は一代交配種に比べてコクがあります。私の野菜を「提携」で取っている消費者の多くは、私が在来種にこだわってつくっていることを知っています。平準な味に慣れた人の中には、味が濃すぎて食べにくいという方もいるようです。

また、有機農業では、地域ごと、家ごとに多種多様な品種が伝えられています。経済性のみにとらわれず、その地域に伝わってきた多種多様な固定種、在来種を発掘し、タネの自給、自家採種を進めていく必要

筆者の畑。左のウネからマイクロトマト、伏見甘長とうがらし、リビングマルチをはさんで橘田《きった》中長《ちゅうなが》茄子。いずれも固定種（トマトとトウガラシのウネの奥は別の品種）

があります。

国や自治体は、有機農業に向く品種の育成を

２００６年12月、有機農業推進法が成立しました。日本では表示規制の有機ＪＡＳ法だけが先行し、有機農業を振興する法律がそれまでありませんでした。国や地方自治体はこの推進法に基づいて具体的な政策を定めなければなりません。その一つに育種があります。

農水省は農薬を使わなければ、野菜の収量は激減するし、果物では壊滅的だと言っていますが、それは、従来の品種改良が農薬・化学肥料を前提にしてきたからです。土づくりをはじめとする総合的な有機農業の手法をとらず、単に農薬をかけないという実験をしてきたからです。農薬・化学肥料を前提にした品種では、有機農業がやりにくいのは当然ともいえます。

私の住む千葉県では、１９９０年に知事が、新規のゴルフ場は無農薬でないと認めないと、ゴルフ場無農薬宣言をしました。当時ゴルフ場は農産物と違って規制が緩く、多量の農薬が使われ、全国各地で反対運動が起こっていました。知事の兄は世界的に有名な生態学者でした。相談したところ可能だと教授され、トップダウンで実施されたのです。

具体的には、県の農業総合研究センターで、多額の経費と年月をかけ、農薬を使わない新しいシバの品種を育成しました。やる気になれば、そうしたシバができるのです。

ドイツに環境直接支払いの実情を見聞しに行ったことがあります。そこで見たニンジンやリンゴは日本の

ものに比べてかなり小さく貧弱でした。改めて日本の品種改良の力を再認識しました。有機農業推進法の下、農薬や化学肥料がなかった時代から地域の気候の中でつくり続けられてきた在来種を見直し、有機農業に向く新しい品種の育成をすべきでしょう。

種苗法改正で自家採種が萎縮するおそれ

今回の種苗法改正案で一番問題となるのは、登録品種であっても一定程度の「自家増殖」が認められていた規定が廃止されることです。許諾料を支払わなければ自家増殖できなくなり、実質禁止されます。F_1品種は採種しても親の形質が子に現われないので、これまでも自家採種されてきませんでした。問題になるのは固定種であり、豆類や芽挿しのしやすいイモ類にも影響が及びます。原則の転換により、採種は罪となるという風潮が流布するのも怖い。採種することが周囲からみると法律を犯しているとみられかねません。採種が萎縮する可能性があります。

それでは登録されていない在来種、固定種なら問題がないかというと、本来なら在来種は品種登録できないのに、選抜することで品種登録されています。たとえば、種子島の安納地区で栽培されていたサツマイモ「安納芋」は1998年に鹿児島県が品種登録しました（現在は更新しておらず、品種登録が切れています）。那須烏山市中山で栽培されていた中山カボチャから、2004年に栃木県が「ニュー中山カボチャ」を品種登録しました（登録名は別名）。つまりわれわれが自家採種している固定種も選抜していけば品種登録できるのです。そうなれば、品種登録者はわれわれを権利侵害で訴えることができるようになってしまいます。

2004年「植物新品種の保護に関する検討会」で「将来的には自家増殖には原則として育成者権を及ぼすことを検討すべき。当面は、順次、育成者権の効力が自家増殖に及ぶ植物を追加していく」とし、2006年に施行規則を改正し、23種類からパパイアなど82種類に自家増殖禁止を拡大させました。しかし、その後、拡大の動きはなかったのに、2016年頃から急激に種類を増やし、今回の種苗法改定案につながっています。時を同じくして主要農作物種子法が廃止されました。これらをみると食料の基本である種をグローバル経済の中に入れていこうという考え方が浮かびあがってきます。ちなみに、種苗会社みかど協和はフランスの種苗会社の支配下に入り、社長はフランス人です。

はやし・しげのり　１９５４年千葉県佐倉市の農家に生まれる。１９８０年から有機農業を始める。日本有機農業研究会副理事長。著書『有機農家に教わる　もっとおいしい野菜のつくり方』（家の光協会）ほか。

一種二肥三作り

種苗に果たす農家の役割を甘くみないでほしい

埼玉県三芳町上富　伊東蔵衛さんに聞く

今回の種苗法改正を、農家の現場ではどう受け止めているのだろうか。そもそも農家にとってタネと苗はどのように活用し、その権利をどのように考えているのだろうか。

江戸時代から続く農家の12代目は

「シャインマスカットとか優良品種の外国への流出は、本当に残念だし悔しい。あんなことが起きないようにしっかりした手立てをとるのは当たり前だ。でもよ、農産物に知的財産権とか、農家にコンプライアンスとか、後からとってつけたような枠を俺たち農家に押しつけるのはやめてもらいたいな」。

そう語る伊東さんは、1950年8月生まれ、今年70歳になった。現在、東京都心から30キロ圏内にある埼玉県三芳町上富地区で、12代目の当主として妻と娘夫婦の家族4人で、お茶1・2haとサツマイモ2・4haを栽培し、収穫物はほとんどを自宅脇に開いた直売所とネット販売で売り切っている。

江戸時代からこの地で農業が続けられてきたのは、都市近郊野菜地帯として、周年栽培が可能なホウレンソウやコマツナなどの葉物野菜や、地力をいかしたサトイモやサツマイモの産地となったからである。とくにサツマイモは、『富の川越いも』としてブランド化され、約30軒が街道沿いに直売所や農家レストランを連ねる〝いも街道〟として、シーズンになると多くの人が訪れ賑わう。一度購入すると、リピーターやネット販売の常連客になる人が多い。伊東さんは、その先駆けであり、2015年度農林水産祭り「むらづくり部門　天皇杯（農林水産大臣賞）」を受賞した時の「三芳町川越いも振興会」の代表であった。

三芳町上富地区は、隣接する所沢市中富・下富地区（3つを併せて三富新田と呼ぶ）や狭山市、ふじみ野市、川越市南部と農業生産地帯が連なり武蔵野地域と呼ばれている。江戸時代の1694年にこの地に入植して以来、屋敷―畑―雑木林（平地林）として短冊のような地割りが今も残り活用されている。

ここでは、「武蔵野の落ち葉堆肥農法」として日本農業遺産に認定され、100名近くの農家が伝統農法を守りながら農作物を栽培している。落ち葉堆肥農法とは、秋から冬にかけて落葉した雑木林の大量の落ち葉をかき集め、1～3年間熟成させた有機堆肥を、耕作地にすき込んで地力を維持し、農作物を安定して栽培収穫する循環農法である。かつては、雑木林から燃料となる薪なども確保してきたが、現在は落ち葉堆肥用と景観保全のため農家の維持努力が続いている。伊東さんも、そうした農家の一人だ。

タネの栽培試験場だった伊東さんの畑

伊東さんは、地元の川越農業高校（現・川越総合高校）に進み、3年次には東京農大に推薦で行ける優秀な成績だった。ところが、校長直々に手渡されたその推薦状を父親は、目の前で有無を言わさず破り捨てた。一時は反発して家を出たが、結局農業で生きるしかないと就農、父親の下で20代はさまざまな野菜づくりを経験した。

「親父と一緒に、ニンジン、ダイコン、ゴボウ、ハクサイ、メロン、スイカと何でも作ったな。農業試験場の先生や普及員が、新しいタネを持ってきては俺んちの畑で2～3年試作し、これはいいと確かめてから地域に広めたものだ。10年近く通って研究発表もしてたな。タネはその地域との相性があるのさ。タネ屋も、『伊東さんとこでまず作ってみてくれ』と新しい品種のタネを毎年持ってきてね。ダメ出しもしたよ」。

「〝一種二肥三作り（いちたねにこえさんつくり）〟という言葉がある。これはよい収穫物を得るために親父たちから受け継いだ農家の心得だ。まずはよいタネを選ぶこと、次にその作物にあった適切な肥料を施すこと、第三に生育状況をみながら手入れや管理をよくすることが大切だと、いうこと。タネが無ければ、作物を育て収穫することはできないが、どうやって発芽させ作物をうまく育てるかは農家の力量次第。苗半作という言葉は、タネや苗の重要さだけでなく、あとの半作、俺たち農家の〝肥料のやり方、作り方〟の大切さも説いているんだよ。この地域の品種は、タネ屋と農家の合作なんだ」。

伊東さんは、就農してから父親や周囲の農家から栽培の手ほどきを受け、さらに収穫した野菜を築地市場まで運ぶ役割を担った。それが、市場が個別の搬入に対応できないとなって、農協共選に変わった。転機が訪れたのが、1992年のこと。現在と同じお茶とサツマイモがメインの作物になっていて、直接消費者とつながりはじめていた。そこで地域の仲間と図って共選を抜け、すべて直販に切り替えたのだ。

「今考えれば、時代を先取りした感じだな」。

品種は変わる

現在、サツマイモは8品種を栽培していて、9月から12月まで収穫が続く。

焼きいものホクホク感が好評の〝ベニアズマ〟（農研機構、育成権消失[注1]）、いもの形が揃い熟成するにつれて甘みが強くなりねっとり系で若者に人気の〝べにはるか〟（農研機構）、ほどよい甘さと口当たりなめらかな〝シルクスイート〟（カネコ種苗）」、食用紫いもとして人気の〝パープルスイートロード〟（農研機構）。そして、ブランド名『富の川越いも』に欠かせない地域特産品としてこれまでもこれからも作り続けるという〝紅赤〟（在来種）。加えて、古くからある品種だが、食感をもう一度評価しなおして〝花魁〟（在来種）、〝太白〟（在来種）もサツマイモ農家として、大切な品種だという。これは直売を意識して品種のバラエティさを出すためでもある。さらに、昨年から取り入れた〝あいこまち〟（農研機構）は、ベニアズマと同じ程度においしく、調理後の黒変が少ないので菓子類への加工にも適している。川越と言えば、年に700万人も訪れる観光地になったが、その川越特産品のいも菓子に向くのではないかと試作し、今年は栽培面積を広げた。

苗を育て選ぶ

伊東さんのところでのサツマイモ苗は、1シーズン1万本必要となる。品質を保つためにも種苗会社からウイルスフリー苗を購入しているが、自家増殖もしている。それも昔ながらの大きな〝踏み込み温床〟でだ。2月になると、温床の囲いをワラでつくる。3月になったら冬の間に集めた落ち葉を敷き詰め、踏み込んで、その上に落ち葉堆肥を3年熟成させた芽肥《めご》えを敷く。こぶしの花が咲く頃に種いもを並べてかぶせ、ワラで覆い、ビニールをかけて発芽させる。育ったら、4月下旬から5月にかけて良いものを選んで切り出し、定植機を使って植えていく。

踏み込み温床、温度管理とサツマイモ苗の成育

「前年秋に、病気がなくて形の良いもの選んで〝種いも〟として適湿適温保存(注2)し、春になったら踏み込み温床の上に芽が出る場所を確認して向きを揃えて一つ一つ並べていく。発芽まで25〜26℃という温度管理が大切だ。芽が出て育ったら良い苗を選んで切り出すのも経験と技術が必要だ。優良系統選抜のコツなんだ」。

購入苗は、「ウイルスフリー100本束で、うち10本は使いものにならない」と農家は口を揃える。背に腹は変えられないから購入するが、自分が納得する苗の姿はやはり自家増殖した苗だそうだ。自分の土地にあった苗を見つけ育てるのが農業の基本だと。加えて3年前、種苗会社が苗づくりを失敗し足りなくなったことがあり、その時に、伊東さんは地域の仲間に助け船を出した。

「種苗会社が謝ってきたけど、どうなるわけじゃな

踏み込み温床、育った苗を選抜する

かった。で、俺のところの苗をタダでみんなに分けたのよ。次の年には、温床づくりが3軒に増えた。自己防衛でもあるし、地域を守る術でもあるな」。
「昔、親父は『百姓は十年一日のごとし』と俺に言ったな。古いと言われるだろうけど今ならわかるな、目先のことに惑わされてウロウロしちゃいけない。入植当時、原野を開拓したココは地力がないうえに水に乏しく夏の日照りに悩まされていた。飢饉もあった。そんな時、先祖たちがサツマイモの話を聞いて、1751年に千葉（上総国）からサツマイモを導入し栽培を広め、おかげで270年も生き抜くことができた。過去が良かったとは言わない。でも過去があったから今がある。今までに積み重ねてきた技術をそう簡単に捨てちゃダメと思う」。

自家増殖が欠かせない

江戸時代のサツマイモの品種は、今のようにはっきりしていない。長い間〝アオヅル〟〝アカヅル〟だった。明治の終わりになって木崎村（今の北浦和）の農婦・山田いちがアカヅルの系統をひくと想像される〝八つ房〟を栽培中に、いもの皮の紅色が特別濃く、目の覚めるような美しいいもを発見。これが後に関東地方を席巻した品種〝紅赤〟だ。しかし戦後、公的機関によって作り出された農林○号などの名前がついた新種が普及し、激減した。現代になって、さまざまな品種の中で、〝紅赤〟の特徴である「食感はホクホクで香りが良く、甘さもほどほどあり上品なこと」が見直され、固定客がつくようになった。同じく戦前の

〝太白〟や〝花魁〟も見直されて人気が出てきた。品種の評価は時代によって変わるのである。

「サツマイモは栄養繁殖作物で、いもでも苗（蔓）でも増やすことができる。だけど、さっき言ったように、自分がこれぞと思う良い苗をそだてる（自家増殖する）ことが、サツマイモの出来を左右する。それができなければ品質低下を招く。で、種苗会社に聞いたのよ。今回の種苗法改正で何が変わるかと。そしたら2社から、申告が義務付けられるだけで、今と変わらないと。だったらなぜ許諾制なのか。今の法律のままでなぜだめなのか」。

「お役人はコンプライアンスが必要だと。そんな言葉にだまされてはいけない。法令遵守なんて、そんなことは当たり前で、昔も今も、そして未来も世間に対して農家は作物＝食料を作り続ける責務があると自覚している。そんな農家に国は余計な規制をかけるな、と言いたい」。

（取材・まとめ　編集部）

（注1）カッコ内は品種登録者。

（注2）地下の穴蔵や定温倉庫で、温度15℃、湿度90％で保管する。

毎年10月13日の「さつまいもの日」に「いも供養」が川越市内の妙善寺で行なわれる

奉納されるのは、先祖への感謝を込めて三芳町産の「紅赤」だ

種子と種苗の未来のために

——農家と試験研究機関、日本と海外が交流しながら

西尾敏彦

海外種苗の導入から始まった明治の農業革命

青森県つがる市（旧柏村）には、日本最古、樹齢140年を超す長寿リンゴが今も実をつけている。1878（明治11）年に、土地の精農古坂乙吉が植えた「紅絞《べにしぼり》」2本と「祝《いわい》」1本である。1872（明治5）年に当時の勧業寮（現在の農林水産省）がアメリカから導入し、1875（明治8）年に府県に配布したものの3本だが、幹の太さは大人2人でも抱えきれないほど。乙吉から5代にわたる周到な管理が、この樹をここまで育ててきたのだろう。

鎖国の時代が終わり、文明開化の世が到来したとき、近代化をめざす明治政府がまず手がけた施策の一つは、海外の有望農作物の品種・種苗の導入であった。果樹ではリンゴのほかブドウ・洋ナシ・モモ・サクランボなど、ほかに大麦・小麦などの主穀類、キャベツ・ハクサイ・イチゴなどの野菜類。これらの種苗は、内藤新宿試験場（現在の新宿御苑）とこれを引き継いだ三田育種場（薩摩藩邸跡、現在のNEC本社の位置にあった）で試作増殖され、全国各地の農家に配布された。いつか孫子の代に、これら農作物がこの国の田畑を満たすこと願って。

それからほぼ150年、今ではわが国の田畑は多種多様な農作物・品種で埋まっている。とくにリンゴは消費者に好まれる果物で、作付け面積は2005（平成17）年時点で3万6500ha、品種も「ふじ」「つ

がる」「王林」と、つぎつぎに生まれてきている。

　特筆したいのは「ふじ」の躍進である。戦前に青森県藤崎町にあった農林省園芸試験場で１９３９（昭和14）年に交配され、戦後の１９６２（昭和37）年に「ふじ（りんご農林1号）」として登録された。最初は「色づきが悪い」ということで敬遠されたが、その抜群の「おいしさ」が農家に、そしてなによりも消費者に評価されて栽培面積を増やし、２００３（平成15）年には最大2万１０００ヘクタールにまで達している。最近は農家の工夫で色づきのよい「ふじ」に変わってきている。「ふじ」の人気は海外にも及び、２００１（平成13）年時点で世界総生産量１１７２万トン、約20％のシェアを占める。多いのは中国の7割弱、韓国6割、ブラジルでも5割が「ふじ」である。「ふじ」の人気は、アメリカでも「自動車につづく技術侵略」と騒がれたほどだ。「ふじ」の両親はアメリカ産の「国光」と「デリシャス」だから、相撲でいうと恩返しだろう。

写真　樹齢140年、青森県柏村（現在のつがる市）のリンゴ母樹

農家と地域が作ってきた品種

　明治政府の外来新作物の導入は、農家の品種や種苗に対する関心を高める結果になったが、関心が高まったのは外来作物だけではない。長い歴史をもつ水稲の品種作りに、とくに農家が燃えたのも、この時代であった。

　寒冷な北海道で、稲作を可能にした「赤毛《あかげ》」「坊《ぼう》主《ず》」。冷害の多い東北の農家に歓迎された耐冷性の「亀《かめ》ノ尾《お》」「愛国《あいこく》」。日照不足や冷水害に悩む北陸山陰の農家を救った強稈・耐いもち病抵抗性の「銀坊主《ぎんぼうず》」

と「亀治《かめじ》」。購入肥料が出回りだした時代にマッチして多肥多収を可能にした西日本の「神力《しんりき》」「旭《あさひ》」。南国高知で温暖な気象を活かした年2回の稲作をと願う農家に応えた二期作用品種の「衣笠早生《きぬがさわせ》」。サンカメイチュウに悩む九州の農家に被害軽減の早植えを奨めた早生の「二千本《にせんほん》（早神力《はやしんりき》）」などなど。

興味深いのは、これらの品種を作った人々の顔ぶれである。「坊主」の育成者江頭庄三郎は屯田兵あがりだし、「亀ノ尾」の育成者阿部亀治や「旭」の山本新次郎は小作であった。「愛国」は宮城県舘矢間村の蚕種業者本多三学が静岡県から取り寄せた籾種が発端である。ほかにも、大粒の良質米として高い評価を受けた愛媛県の「栄吾《えいご》」は「赤貧洗フカ如ク…」という極貧農家の植松栄吾によって育成されたというし、熊本県の「福神《ふくじん》」は主婦の市原つぎによって育成された。

水稲だけではない。サツマイモの「紅赤《べにあか》」は埼玉県木崎村（現さいたま市浦和区）の農婦山田いちが見出し、関東全般に栽培が広がった。ナシの「二十世紀」は、千葉県大橋村（現松戸市）のまだ少年であったころの松戸覚之助がゴミダメから拾ってきた実生が母樹である。

〈より豊かな農業、農村生活を〉と願うのは、農家だけでない。品種づくりは地域に住むすべての人の共通の願いだったのだろう。

人工交配育種法の登場
国公研究機関の生態育種がスタート

わが国でメンデルの法則に基づいた人工交配育種がはじまったのは、１９０４（明治37）年、当時大阪府にあった農事試験場畿内支場にいた加藤茂苞らがはじめたのが最初である。１９２４（大正13）年の閉場まで20年間に水稲２７１品種、陸稲6品種、大麦１６６品種、小麦１１３品種を育成し、府県に配布したが、期待ほどは普及しなかった。

理由として考えられるのは、畿内支場が交配から系統選抜・固定までのすべての育種工程を大阪府の同支場1ヵ所で行なったことである。同時代に育成された交配品種でも、愛知県で愛知県農試が育成した「千本旭」や、秋田県で農事試験場陸羽支場が育成した「陸羽１３２号」がそれぞれの地域で広く普及したことからも、そう考えざるをえない。品種の育成に育成地の環境が大きく影響することが強く意識されるようになったのはこの時からであった。

１９２５（大正14）年から全国を6～7生態区に分け、国と道府県農試がタックを組んで品種改良に当たる指定試験地中心の育種がはじまった。交配はともかく、品種改良で重要な純系系統の選抜は、それぞれの地域に置かれた国の試験場（支場）と道府県の指定試験地に一任する。育成された品種からの奨励品種の採否は、普及が予定される現地の普及所が行なう品種比較試験に委ねる。１９２５年に小麦が、１９２７（昭和2）年には水稲がつづき、以後、ダイズ・サツマイモ・茶など主要農作物の品種改良のほとんどが指定試験事業に組み込まれていった。２０１０（平成22）年に終了したが、この間に水稲４８９品種、小麦１７６品種、ダイズ１４５品種など、計92作物１９１９品種を育成した。「コシヒカリ」も「ひとめぼれ」も、こうした生態育種の成果である。

もう一つ、交配品種の育成に欠かせないのはすぐれた交配親を選ぶことである。次頁の表に、現在広く普及している「コシヒカリ」「ひとめぼれ」「ヒノヒカリ」の血の中に、どの程度在来品種が関与しているかを示す寄与率を示した。一見して「コシヒカリ」など、現在私たちが毎日食べている品種も、もとをただせば、それぞれの地域で汗を流した農家が育てた在来品種があって、はじめて育成できたことが理解できよう。

海を渡った種苗・品種

明治のはじめ、日本が農産物の貧乏国で、多種多様な農産物の品種・種苗を海外に依存してきた。だが今ではリンゴ「ふじ」のように海外の農家に歓迎されている品種も多い。

大正のはじめ、アメリカ・カリフォルニア州に移民が持ち込んだ「渡船《わたりぶね》（雄町《おまち》）」は、同州の環境によく適応し、同州の稲の5割を占めた。１９２０年代から同地の人気品種となった「カロロ Caloro」は、この「渡船」の変異種「早生渡船」の純系選抜品種で、有名な品種「カルローズ Calrose」の育成にもつながっている。

１９２７（昭和2）年に、当時日本統治下にあった台湾で育成された「台中65号」は日本稲「亀治」×「神力」の交配種で、同地で一、二期作を合わせて20万haが栽培された。１９６５（昭和40）年にマレイシ

表　現代主要品種に対する在来品種の寄与率（%）

現代の主要品種	コシヒカリ	ひとめぼれ	ヒノヒカリ	上位作付け3品種への累積寄与率
作付け率（%）	35.0	9.2	8.6	
愛国（≠銀坊主）の寄与率	25.0	18.8	12.5	11.6
旭（=朝日）の寄与率	12.5	9.4	6.3	5.8
上州の寄与率	12.5	9.4	6.3	5.8
神力（≒撰一）の寄与率	12.5	9.4	6.3	5.8
森田早生の寄与率	25.0	18.8	12.5	11.6
亀ノ尾の寄与率	12.5	9.4	6.3	5.8
上記在来品種の累積寄与率	35.0	6.9	4.3	46.2

注　親の子に対する遺伝的寄与率は純系選抜または穂選抜の場合ほぼ1.0、二親交配の場合0.5とみて計算した

出典：西尾敏彦・藤巻宏著『日本水稲在来品種小辞典』農文協2020年刊

アで日本人専門家が育成した「マスリMashuri」は「台中65号」と同国の品種「Mayang Ebos 80」の交配種で1973（昭和48）年には一、二期作を合わせて19万4000ha栽培された。この品種は、さらにバングラデシュで品種名をパジャムPajamと変え131万ha、インドで71万ha、ミャンマーなどで8万～10万ha普及している。

1935（昭和10）年、当時岩手県農試にあった指定試験地で稲塚権次郎が育成した「小麦農林10号（ノーリン・テン）」は戦後、アメリカに渡り、多肥条件でも倒伏しない短稈多収品種として注目された。とくに注目したのは、メキシコにある「国際とうもろこし・小麦改良センター」のボーローグ博士で、彼の手によりこの品種の血をひく品種がつぎつぎ育成され、世界の各地に送り込まれた。現在、「ノーリン・テン」の血を引く小麦の品種は世界中で500以上に及び、50ヵ国で栽培されている。とくに、インド・パキスタンなどでは小麦生産量が4倍にもなり、飢餓克服に大きな力となった。この功績によりボーローグ博士は1970（昭和45）年のノーベル平和賞に輝いている。

最近の花き園芸ではロイヤリティの関係でアストロ

メリアの新品種など種苗の状態で輸入されるものも多いが、逆にリンドウのように種苗をオランダなどに輸出するケースも増えている。国際化が進む中で、これからの農業では花き・野菜を中心に種苗の状態での輸出入が増えていくに違いない。

＊

わが国で「品種」という用語が使われるようになったのは、1898（明治31）年以降で、当時帝国大学教授であった横井時敬が著書『栽培汎論』で用いたのが最初である。

興味深いのは、1895（明治28）年に京都で開催された第4回内国勧業博覧会で、各道府県が出品した水稲の品種を「稲種方言」と呼んでいることである。言葉のお国なまりが土地の人の日常会話から生まれたように、稲のお国なまり「稲種方言」も村々で稲作に励む農民の稲との対話から生まれた方言なのだろう。

在来品種は祖先から受け継いできた農民の経験知の集積、農耕文化である。最近の科学技術の進歩で、育成者に国公研究機関や種苗業者が参入してきたが、どんな最新品種、種子・種苗でも、その背後に気の遠くなるほど長い農民と農作物との対話の歴史を背負っていることだけは変わらない。

冒頭で青森のリンゴ母樹の話を紹介したが、現在の年70万トンを超えるこの国のリンゴ生産は、この国の土に見合う品種・栽培法を探し求め、試行錯誤を繰り返してきた農家の不断の努力があってはじめて実現できたものである。最近は国際化が進み、海外から種子・種苗の形で持ち込まれる品種も多くなったが、品種づくりは育成者と農作物と、それに彼らが生きたそれぞれの時代、それぞれの地域の風土の四者の共同作業があってはじめて達成できるものである。

このところ種苗法の改正が話題になっているが、品種が単なる商品、種子・種苗でなく、その背後に、この国のそれぞれの地方の農民の経験知と、これを受け継いだ育種研究者の科学知が積み重ねられた、生きた知的財産であることを、ぜひ忘れないでほしい。

にしお・としひこ　元農林水産技術会議事務局長。著書に『農業技術を創った人たち』（家の光協会）、『昭和農業技術史への証言』（編集、農文協）、『平成農業技術史』（監修・著、農文協）、『日本水稲在来種小事典』（共著、農文協）など多数。

総合種苗メーカーはいまどうなっている?

「サカタのタネ」に聞く

フリージャーナリスト　石堂徹生

種苗法改定の動きの中で気になるのは、農家とともにもう一つの当事者である種苗メーカーの存在だ。タネがなければ野菜は育たず、花も咲かない。農業に不可欠で、身近なモノなのに、それを供給する種苗メーカーの姿はいま一つ知られていない。種苗メーカーはどんな歴史をもち、現在どのような生産体制をとっているのか。トップメーカーの一つ「サカタのタネ」をとおして、その一端を知るとともに、日頃から抱く素朴な疑問をぶつけてみた。

「当社は世界で、野菜ならブロッコリーのタネの60%、花ならトルコギキョウのそれの70%のシェアを占める。野菜と花のタネ(種子)で、当社の世界売上高ランキングは推計して10位前後ではないか」と、サカタのタネの清水俊英コーポレートコミュニケーション部長はいう。

世界のタネといえば、つい遺伝子組換えがらみのモンサントなど、バイオメジャー間の〝種子戦争〟を思い浮かべてしまうが、それはあくまでも穀類での話だ。穀類を除く野菜と花のタネの場合、モンサントなどを含めた世界トップテンの一角を、サカタのタネとタキイ種苗の日本勢が占めているという。その意外さに驚く。

「四極体制」で世界をつかむ

戦前から〝花のタネ〟で名を馳せた同社は1977

年、米国・サンフランシスコにタネの生産・販売の現地法人を設立し、本格的なグローバル展開をスタートさせた。それも当初は生産が中心で、販売は現地代理店任せだったが、当時からキャベツやブロッコリーな

戦前から〝花のタネ〟で名を馳せた

サカタのタネの創業者、坂田武雄（現・坂田宏社長の祖父）は幼い頃から草花好きで、帝国大学農科大学実科卒業と同時に、農商務省の海外実業練習生の第一期生としてアメリカに渡る。苗木栽培技術を習得して帰国後の１９１３（大正2）年、前身・坂田農園の看板を掲げ、苗木の輸出入からユリの球根、さらに種子生産販売へと手を広げた。

転機は１９３４年だ。海外人気の高いペチュニア（ツクバネアサガオ）で、世界初の完全八重咲き品種（オール・ダブル・ペチュニア）を育成した。当時、八重咲きといってもすべてではなく、半分は一重が混じり、品質が安定しない。それをF_1（雑種第一代）の技術で、すべてを八重咲きにできた。その功により、国際的にももっとも権威のある「オール・アメリカ・セレクションズ」（全米審査会）に入賞し、欧米で〝花のサカタ〟としてメジャー入りを果たす。

第二次世界大戦後、海外の一流種苗会社との取引を再開し、１９６２年に同社がプリンスメロンのタネを市場に出すなど、主に野菜のタネの国内事業で経営を再建した。

データで見ると、２０２０年5月末現在、本社は神奈川県横浜市で、世界22ヵ国に研究・生産・販売などの拠点があり、１７０ヵ国以上に花と野菜のタネを供給している。

売上高は６１６億６７００万円（連結ベース。国内・海外の連結子会社35社）。これを地域別で見ると、うち日本の40・3％に対し、海外が59・7％（北中米18・7％、欧州・中近東18・4％、アジア14・3％、南米４・５％、その他３・８％）と日本での売上げを上回る。

社員数は２４７７人（連結ベース）のうち外国人社員は１７９９人（全体の約73％）。

なお同社が日本で扱う品種の数は花で約１５００品種、野菜で約４００品種あり、加えて花約40品種、野菜約10品種が毎年、誕生しているという。国内では、種苗店や直営のガーデンセンター、通信販売などのチャンネルで売る。

どの評価が高かった。

1988年には、カリフォルニア州モルガンヒルに本社を完成させ、研究農場もフロリダなど3ヵ所に設置して優良品種を開発した。やがてブロッコリーのタネで、米国市場のシェアが50%を超えた。その後、93年にメキシコに現地法人を設立し、96年に中米コスタリカでは、フランスの大手種苗会社の子会社を買収し、M&A（合併・買収）路線にも乗り出した。

このように、いわば大陸サイズのヒナ型を北中米で作り上げ、1990年の東証一部上場を機に、次の目標をヨーロッパ・中東に定め、グローバル・ネットワークの展開へと歩を進めた。

同ネットワークは世界を4地域に分割し、各地域統括会社がそれぞれのエリアの研究開発（育種）と生産（タネを採る採種）、販売を管轄する「四極体制」が基本だ。「四極体制」にするのは、各地域で気候・風土が違い、緯度による日長時間差に加え、花・野菜の色・形への嗜好、そして味・伝統的調理法などに幅広いバリエーションがあるためだという。

横浜にある「サカタのタネ」本社が日本を含むアジアとオセアニア、パナマ以北の北中米はアメリカ、南米はブラジル、そしてヨーロッパ・中東・アフリカ・ロシアは花がデンマーク、野菜がフランスの、それぞれの統括会社がカバーする。

育種は国内、採種は海外で

種苗メーカーとしての同社には、海外進出しなければならない、大きなワケがあった。「それは採種（種子生産）だ」と、清水部長は指摘する。

それも、〝自社の畑で採種しない〟（基になる原種は採るが、販売用のタネは海外で採る）が、世界の種苗メーカーの標準モデルだとさえいう。それは、採種にとって野菜や花の原産地に近いか否かが、事実上、ほぼ決定的な役割を果たすためだ。

「花でも野菜でも、原産地に近い気候でのびのびと育てたほうが、高品質のタネを安定して生産しやすい」（清水部長）

日本は、①原産地か否かと、②原産地に近い気候など立地条件の2つの点で、野菜・花の③栽培そのものと、④採種にとっても不適地ということになる。

まず、①原産地か否か、についてであるが、日本原産の野菜はほとんどない。原産地はトマトとジャガイモがペルーで、ブロッコリーとキャベツが地中海沿岸、ダイコンが中央アジアで、ニンジンが西アジア、オクラとインゲンがアフリカ……という具合だ。

次の②立地条件についていえば、日本列島は南北に長く、標高差も大きい。気候も冬は寒くて乾燥し、雪も降る。夏は高温多湿だ。

原産地とは異なる日本の多様な環境に適応し、野菜や花の栽培が可能になったのはなぜか。それはコメもそうだが、篤農家といわれる研究熱心な農家や、タネ屋（種苗メーカー）などが、その手先の器用さと勤勉さを生かし、厳しい環境で生育できる育種（品種改良）に励み、気候の変動や環境に適応できる品種を育成してきたからだ。

江戸時代のアサガオなどの育種技術は最先端であり、「日本はオランダやアメリカと並ぶ育種大国だ」ったという。

そこで、同社の場合、まず育種は静岡県の掛川総合研究センターを軸に、国内5ヵ所、海外10ヵ国・13ヵ所の計18ヵ所で行なう。

その一方で、採種は③国内での栽培にともなう農家委託費や労賃、土地代などのコストの高さや、④播種地としての適性としては、他の品種との交配を避けるための隔離された畑が少ないなどの理由もあって、海外比率が高い。現在、タネ生産全体の8割が海外で、国内は残りの2割にすぎない、というから驚く。

海外の採種地は、火山・津波など気候や為替の変動、争乱などのリスク分散のため、特に重要な品種については、たとえば南半球と北半球など、複数の地域に設置し、採種は現地に委託している。

この育種と採種が種苗ビジネスの両輪だが、忘れてならないのが、優良品種のベースになる遺伝資源の確保だ。

つまり、育種と採種だけでなく、ある意味で資金を長く眠らせておく遺伝資源の確保もだ。そのために、同社の場合、そのコストも含めて、「売上高のうち研究開発費が10・3％（2020年5月期決算で売上高617億円）を占め、当社は研究開発型企業だといえる」（清水部長）。

気になる海外採種と食料安保は？

ただ、農家や消費者としてもっとも気になるのが、日本の野菜のタネの大半が海外産という点だ。それも

“奥の手”のABS契約

海外に拠点を設ける場合、きめ細かな配慮と対応が欠かせない。それが、④“奥の手”のABS契約だ。同社は、遺伝資源を探す際、生物多様性条約（1993年12月発効）に基づき、外国の政府とABS契約（遺伝資源の利用で得た利益の配分契約）を結ぶこともある。

たとえば、アルゼンチンの山中から花の野生種を同政府の許可を得て取得（アクセス）し、それを基に新品種を育成して販売。その利益の一部を同政府に払う。

コロンブスなどが活躍した大航海時代（15世紀半ば～17世紀半ば）、プラント・ハンター（野生植物の狩人）が横行し、さまざまな禍根を残した。それへの戒めでもあるが、ABS契約による母国還元を公表するのは、世界種苗業界で同社だけという。

海外では基本的に日本人社員はマネージャー役で、現地法人など経営トップは現地の人間を当て、そのトップにある程度の権限を委譲し、技術面の管理も任せる。採種は契約した農家に委託するが、その栽培指導も現地任せだ。だからこそ、今回のコロナがあっても、ある程度、自立的に動け、特に問題はないという。

さらに、F_1関連で、驚く話がある。F_1の親系統（母と父）が外部に出れば、F_1のコピー商品ができてしまう。それも監視の目が届く自社の畑ならともかく、海外の農家に委託する。しかも親系統を手渡す。もちろん契約を交わしはするが、契約は契約にすぎず互いの強い絆があればこそか。幸い、これまで大きなトラブルは起きていないという。

「種苗メーカーにとって、信頼できる委託採種農家は、何物にも代えがたい宝だ」（清水部長）

9割と聞いた。食料安保の点から見ても、不安はぬぐえない。

「正確なデータはないが、日本で販売される野菜のタネの9割以上が海外産というのは、ほぼ正しいのではないか。それも、ここ10年くらい、そんなに変わってはいないと思う」

――海外産が9割以上と聞いて、食料安保の点で大丈夫かと気にする国民も多いと思う。

「ただ、そもそもタネがキチンと採れなければ、食料安保も守れない。まずタネをしっかりと採ることが大事だ。そのために、圧倒的にタネが採りやすい海外で採っている」

日本だけだと、タネが採れなくなれば、タネの価格も非常に高くなる。そこで、世界のアチコチの採りやすい所で採り、危険分散を図っているのだという。

それも、タネのための物流拠点を何ヵ所にも設け、それぞれ一定量のタネを保存している。何かコトが起きれば、互いに融通し合う体制のようだ。今回のコロナでも、若干、滞った例はあるが、大きな問題は起きていないという。

「基本的に、当社は農家など生産者にタネを供給し、食料の安定供給・確保に寄与しているとの自負がある」

「品質」へのこだわり

さらに海外勢と互角の勝負ができる力の源泉は何か。それが「品質」へのこだわりだ。

「一定の品質のタネを安定的に供給する責任がある。私たち種苗メーカーはそこに心を砕いてきた」と、清水部長は語る。

同社は1921（大正10）年、民間で初めてタネの発芽試験室を設けた。それは、創業者が「タネの恐さ、大切さを知っていたからではないか」。

タネは土にまいて、一定期間をすぎてからでなければ、その良し悪しがわからず、結果が出てこない。そこでダメならば、「農家は一作をムダにしてしまう」。そこに、タネの恐さ、大切さがある。だからこそ、同社は社是の一番目に「品質」を掲げた。

この「品質」を担保する、保障するものは何か。発芽率であり、さらに重要なのが発芽勢《はつがぜい》だという。たとえば、発芽率が21日で90％だとしても、それまでの途中の経過はどうか。たとえば10日目で発芽率が80％のものもあれば、50％のものもある。不ぞろいでは、作業がいっぺんにできない。農家は困る。どれだけそろって発芽するか、それを示すのが発芽勢だ。

さらに、次の囲み記事で触れるさまざまな検査と、種子加工で高品質化を目指す。

F_1は〝おいしいタネ〟

次に注目したいのは、先に八重咲きペチュニアで触れたF_1（雑種第一代）の技術だ。F_1はファースト・フィリアル（第一代の子）を意味する。これは縁が遠く、遺伝的に差がある母と父を交配して得られるタネを指す。F_1は雑種強勢《ざっしゅきょうせい》といって、収量が多く、病気に強いなど両親よりも優れた性質を示す。

しかもF_1は一世代に限り、収量が安定し、形質（形や性質）がそろった作物ができる。だが、F_1同士を交配してできる雑種第二代（F_2）では、遺伝的に形質がバラバラになってしまう。つまり、農家が買ったF_1を自家採種しても、元になったタネの形質は再現できない。

「純潔度検査」から「ペレット」加工まで

先に一部触れたように、入荷したタネの「純潔度検査」（タネ以外の不純物の混入）や「発芽検査」（発芽率）、「純度検査」（他の品種との交雑や、異品種混入）、「種子健全性検査」（病原菌の汚染）などの検査を入念に行なう。

また、生産者が安心、かつ使いやすくするために、「精選」（不純物を除き、タネの大きさをそろえる）や「プライミング」（発芽ぞろいを良くする）、「ペレット」（細かいタネをまきやすくする）などの種子加工もするという。

種苗メーカーにとってF_1はまさにビジネス的にきわめて〝おいしいタネ〟であり、受粉の仕方の違いからF_1ができないマメとレタスを除き、F_1中心のメーカーが多い。同社の場合、とくに国内の野菜の40品目・400品種の多くがF_1だ。

遺伝子組換え（GM）とゲノム編集について

とくに米国など海外では、小麦など穀類について、遺伝子組換えが当たり前になっているそうだ。野菜の場合、「ゼロとはいわないが、世界各国を見ても、遺伝子組換えを市場に出している品種はほとんどない」という。

ただ、F_1という技術が種苗メーカーにとって〝おいしい〟ものであれば、さらに進んで遺伝子組換えも、ということにならないだろうか。この点を尋ねると、遺伝子組換えに対する同社の方針として、こう答えた。

①遺伝子組換えの基礎研究は進める。技術の進歩から遅れるのは、問題がある。

②現在まで、当社としては遺伝子組換えの商品化はしていない。

遺伝子組換えによる開発は資金がかかる上に、日本や欧州では、とくに消費者などにまだ遺伝子組換えが受け入れられていないためだ。

③たとえ将来、遺伝子組換えの商品化をすることになった場合、必ず事前に告知する（黙ってはしない）。ゲノム編集も、遺伝子組換えの方針に近く、基礎的な情報収集はしている。ただ、「当然だが、品種にはしていないし、今のところ、商品化の予定はない」。

タネの値段が高くはないか

タネの品質はもちろんだが、やはり気になるのが値段だ。タネの値段が高いかどうか。農産物としての野菜や花の生産コストに占めるタネの割合は、3〜8％程度といわれる。

「これが高いか否か、それは生産者の判断だと思う」

大事なことはキチンとしたタネがなければ、何も始まらず、「当社としては磨きに磨いた品種の、それも磨き上げた高品質のタネを出しているとの自負はある」。

商品にできない割合も高く、それだけ高品質のタネは、どうしても値段が高くなりがちだという。一方で、確かに100円ショップのタネなどのように、安いタネの選択肢もあるが。

種苗法改正について

最後に、種苗法改正について聞いてみた。

「当社としては、まず自分たちの使命は何か、と問いたい」

それは農家など生産者が継続して評価する、高能力かつ高品質なタネの供給にあるという。この使命遂行のために、「タネの知的財産権が認められ、保護されなければ、一定の開発費を回収できず、次の仕事ができない」と訴える。

この点について、農家の立場から考えれば、どうか。

「農家は、登録品種を買うように義務付けられているわけではない。登録品種が高くてイヤなら、買わなければよいはずだ」

農家の自家採種の問題も、すべての品種ができないわけではなく、登録品種についてできないだけではないか。農家も自由な選択をして欲しいという。

「実はF_1の場合、必ずしも知的財産として保護を必要としているわけではない」

父系統と母系統の流出を防げば、コピーを防ぐことができる。だから、F_1では登録品種が主体ではない。登録しないF_1も多いようだ。

もう一つ指摘したいのは、野菜よりも花には農家の個人育種家が多く、新しい品種を作る例がかなりあるという。

「企業だけでなく、むしろ彼らの知的財産権こそ、キチンと守り、品種登録を勧める必要があるのではないか」と、あまり知られていない問題を投げかける。

——農家など生産者にとって、真に〝おいしいタネ〟とするためには、何を、どのようにすればよいのか。それを考え続けていきたい。

種は知的財産か公共財か

知的財産権偏重で持続性は守れるか

内田聖子

知的財産権の対象とされてきた種子

種子とは、食べ物を生み出すために不可欠な存在であると同時に、生物多様性を保持し、私たちの生きる世界のレジリエンス（強靭性）を維持するという点からも重要な役割を果たす。作物の品種は、栽培される地域や気候、風土、生活習慣と密接に結び付いて、人の手によって育てられながら地域文化も形成する。種子は農民により保存され、交換され、人の移動に伴い国境を越えて旅する存在でもあった。

こうしたなか、人類は種子をめぐるシステムを構築してきた。法律や制度から自由であった種子が、「遺伝資源」として特許の枠組みの対象となった始まりは、19世紀末頃といわれる。農業の産業化に伴い植物品種の保護を求める動きが欧米を中心に活発化する。当初は既存の知的財産権制度である特許による保護が試みられたが、同じ育種過程を繰り返しても同一品種が得られないことから、個別の制度が求められるようになった。

1957年、パリで開催された植物品種保護に関する国際会議にて、「育成者の権利」が認められ、保護の要件や権利の内容等が確立された。これを受けて1968年に「植物の新品種の保護に関する国際条約」（UPOV条約）が発効。国際的な植物品種保護の統一的なルールとして運用されることとなった。同条約は1971年、1978年、1991年と改正されて

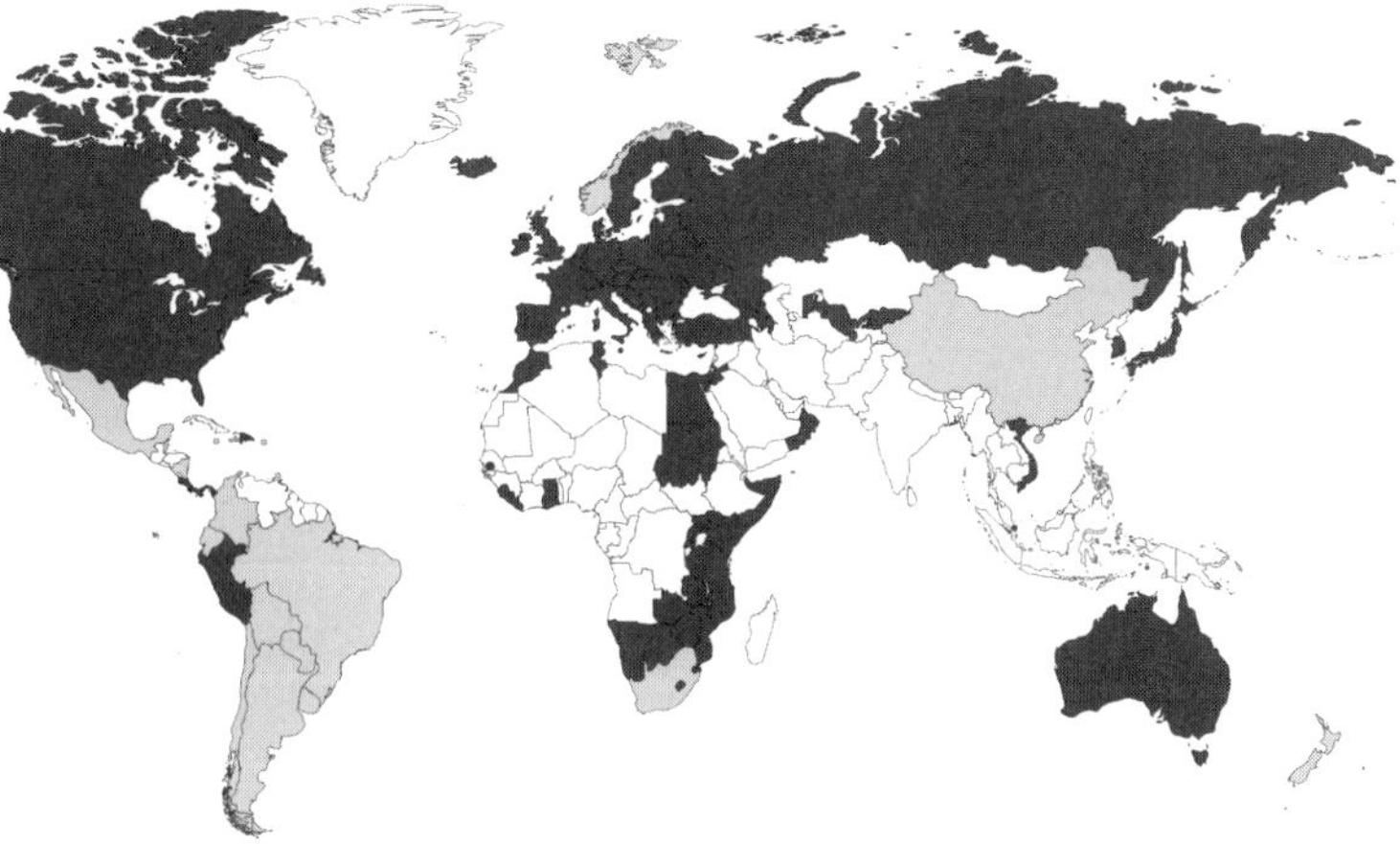

図　UPOV条約の批准国

■＝1991年条約批准国　■＝1978年条約批准国
UPOV資料より筆者作成

おり、改正のたびに保護対象植物や育成者権の及ぶ範囲が拡張されてきた（日本は91年条約を批准済み）。

この条約を批准しているのは、２０２０年2月時点で76の国・地域で、世界の半数にも満たない（図）。特にアジア地域では、多くの国が未批准あるいは78年条約の批准に留まっている。

中国・インドなど大国を含むアジアには、世界人口の約6割を占める37億人が暮らす。その多くは農民・先住民族であるが各地で開発が進み、先進国と同様の農薬・化学肥料を用いる農業も広がっている。種子に関しても、企業から種子を購入する農民も年々増加し、人口の多さと今後の経済発展の可能性から、種子企業もアジアを大きな市場と位置づける。しかしそれでも、貧困国や開発がされていない山間部では、古くから受け継いできた在来種を用いた伝統的な農業が圧倒的に多いと言える。ラテンアメリカやアフリカなどの途上国・新興国でも同様だろう。

種子を「経済的な価値」とみなし、知的財産権の制度下に位置づける行為は、種子を「生物文化多様性」そのものとして扱う農民や先住民族の営みとはどうしても相容れない。ここに、種子の持つ多面性・多義性がある。いずれにしても、人類が作物に知的財産権を適用してきた歴史は長くとっても１００年前のことである。連綿とその地で引き継がれてきた種子を法や制度が容易に捕捉できるものではないし、また拙速にすべきではない。ＵＰＯＶでは、加盟の際に育成者権に関する国内法の整備が条件となっており、これが自国の実態に合わないことから途上国・新興国の多くは批准をしていない。

貿易協定の中で強化されてきた育成者権

　ところが、経済のグローバリゼーションが進むなか、特に１９９０年代以降、育成者権を含む知的財産権は全般的に強化され続けている。国際的な知的財産権を規定するルールは、１９９５年に世界貿易機関（ＷＴＯ）が定めた「知的所有権の貿易関連の側面に関する協定（ＴＲＩＰＳ協定）」であるが、ここでは「加盟国は、特許若しくは効果的な特別の制度又はこれらの組合せによって植物の品種の保護を定める」と規定されているのみで、その具体的な方法は義務付けていない（第27条　特許の対象）。この背景には、ＷＴＯ設立前の１９９０年初めに起こった「生命の特許化」に関する先進国と途上国の激しい対立があった。その結果、ＴＲＩＰＳ協定では妥協点が模索され抽象的な文言に落ち着いたのだ。

　しかし２０００年代に入りＷＴＯが機能不全に陥ると、育成者権の保護・強化は個別の貿易協定の条文の中に埋め込まれていく。たとえば、米国はコスタリカ、コロンビアなどラテンアメリカ諸国と次々と二国間自由貿易協定（ＦＴＡ）を締結していくが、その知的財産章には「ＵＰＯＶ１９９１への加盟を義務付ける」という条文が入れられた。米国だけでなく、ＥＵが途上国と結ぶ協定の中にも同様の規定が多くある。日本がこれまで締結したＦＴＡ・ＥＰＡ（ＴＰＰ協定や日ＥＵ経済連携協定を含む）にも同様の規定がある。[注1]貿易協定には知的所有権だけでなく物品関税やサービス、投資など多くの分野が含まれ、一つの条項だけをとって反対できない構造にある。特に発言力の弱い南の国は、先進国への市場アクセスや、投資を呼び込むことと引き換えに先進国側による育成者権という〝グローバル・スタンダード〟への参加をのまざるをえない。いわば貿易協定がＵＰＯＶ加盟の装置となっているのだ。

これに対し、アジアやラテンアメリカ、アフリカの農民たちは、生物多様性条約や食料及び農業のための植物遺伝資源条約などに基づき強く抵抗し続けている。これまで当たり前のように利用してきた農民の種子が、制度（フォーマル化）され、自家採種や種子交換が違法となり、農民の種子の権利を侵害する状況が世界で起こっているからだ。たとえば、現在タイでは、ＴＰＰ協定への参加に政府が前向きの姿勢を見せている。これに対し、小農民たちはＵＰＯＶ（１９９1年）条約の批准が義務化されることで、国内における農民の種子の権利が大きく制約されると強く反対し、抗議行動を行なっている。

タイにて、UPOV1991の加盟と国内法の制定に反対する農民たち

知財立国を目指す日本政府

こうした国々にとって、日本はＵＰＯＶを通じて知的財産権を途上国・新興国に強要する存在ともなっている。２０１３年から続くＲＣＥＰ協定（ＡＳＥＡＮ諸国にインド、豪州、ＮＺ、中国、日本、韓国を含む16カ国）の交渉会合の現場で、筆者は他国の農民団体やＮＧＯとともに監視を続けてきた。２０１５年当時に出されたリーク文書によれば、日本と韓国は、ＲＣＥＰ協定の中にＴＰＰ同様に「ＵＰＯＶ１９９１の批准を義務化」という文言を入れる提案をしていたことが判明。タイやフィリピン、インドネシア、ラオス、ミャンマーなどの農民組織は、こうしたルールを提案する日本を強く警戒している。

日本では、１９８２年にＵＰＯＶ１９７８加盟に先立ち、条約に適合するよう種苗法を整備している。その後、１９９８年にはＵＰＯＶ１９９１を批准、それ

RCEP交渉会合の場で、農民の種子の権利を守るよう訴えるフィリピンの農民たち

に伴い種苗法が全面改正され、その後も数回にわたり同法を改正し、適用範囲の拡大や罰則の強化を行なってきた。82年や98年の種苗法改正の際、日本では自家増殖を行なったり在来種を育てたりする農家の間で、何らかの反対意見や政府への働きかけがあったのかと疑問に思い、筆者はさまざまな人に尋ねたことがある。その結果は、農民や政治家、ＪＡにはそうした問題意識はなかったということだ。育成者権の強化は、高度成長を達成した後にグローバル化への適合を目指した政府の方針と符合していたというのが実態のようである。

２０００年代に入り、日本政府は内閣に「知的財産戦略会議」を設置（２００２年）、その大綱では「知的財産権の国際的保護水準を維持すべく、２００２年度以降、ＷＴＯを中心とした自由貿易体制の下で、二国間・地域的取組を戦略的に展開し、アジア地域等の途上国がＴＲＩＰＳ協定の義務を確実に履行するように強力に働きかける」とされ、知的財産権を積極的に推進する姿勢を明示する。さらに、種苗法で育成者権の効力が及ばない農業者の自家増殖について、農業生産現場への影響に配慮しつつ、育成者権の効力が及ぶ植物範囲の拡大を図るということが、この時点でも明確化されていた。[注2]

その後は、「日本再興戦略　２０１６」や「クールジャパン計画」などでも日本の知財政策を提言。「攻めの農業」「輸出型農業」政策も知財政策の一環とされた。今回の種苗法の改正も、品種の海外流出を防止するという第一義的な目的はあるものの、基本的には上記の知財戦略に沿ったものであるといえよう。

政府は、「農林水産業は、生産活動を通じて様々な知的財産が生み出されることから『知識産業・情報産業』として位置づけられる」「今後、『攻めの農林水産業』を実現するためには、農業関係者一人一人が知的財産の重要性を理解し、それを活用することが期待されている」（知的財産戦略本部「知的財産推進計画2017」2017年5月）とするが、こうした方向性が強化されていった先には、どのような農業の姿があるだろうか。

せめぎ合う価値のなかで——種子の存在を改めて見直す

知的財産権全体はこれまでも、そしてこれからも強化されていく可能性が高い。育成者権のみならず、著作権や医薬品特許なども強化され、かつ貿易協定によってルール化されてきた。たとえば著作権は、作品の権利保護期間が「作者の死後70年」へと延長され、日本はTPP協定批准時に国内法を改正した。また医薬品特許についても、WTOが定める期間に5年間を上乗せできる規定が多くの協定で取り入れられている。

知的財産権の強化の潮流を批判することはたやすいが、事態はそんなに単純なことではない。たとえば、日本を含む多くの国で、育種家がその費用や手間に見合った収入を得ながら永続的に新たな品種を生み出すためには、育成者権を安定的に保護する必要はある。問題視されているような品種の海外流出も防ぐ必要があろう。

一方、種苗法改正の話題もあって、近年地域での在来種の存在が改めて見直されている。育成品種と在来種、それぞれあり方が異なる種子であるわけだが、重要なことは、両者は実は共存・連携しあう必要があるということだ。種子には単に商品価値を持つ遺伝資源、つまり「経済価値を持つ投資の対象」というだけでなく、生物文化多様性や農民の権利などを含む非経済的な価値がある。また、先進国で当たり前となった新品種保護の制度をそのまま発展段階も農業・文化の異なる国や地域にあてはめることは現実的ではない。

日本政府の施策を概観すると、やはりこの数年で知的財産権の強化や、その延長としての「グローバル市場への輸出強化」に偏重していると言わざるをえない。菅政権発足後に組まれた2021年度の農水予算（概算請求）を見ても、農林水産物・食品の輸出額を2030年に5兆円にするという目標を掲げ、そのための予算を前年72億円から217億円と一気に3倍にしている。[注3] 本来行なうべき圧倒的多数の農家に対する政策的・予算的支援をせずに、知的財産強化や輸出拡大の旗を振り、気がついたら日本で種子を買う農家も、それを育てる農民も、ひいては育種家自身もさらに減少してしまうことを危惧する。

種子研究の専門家である西川芳昭氏は、「種子の自由が確保されるには、自給と産業、農家と企業、市民と国家というような対立ではなく、種子に関わる多様な関係者のネットワークや信頼関係こそが重要である。(中略)作物の多様性を守り、自家採種や種子の交換を続ける農家や市民だけでなく、食べ物の選択によって多様な作物を食べている消費者もともに、食料・農業のための植物遺伝資源の持続的利用に参画していけるシステムの構築が必要である」とするが[注4]、ここに私たちと種子の関係を見直す鍵があるように思う。

人類は、種子をめぐるシステムを歴史の中で作り出してきた。各国・地域にて種子を持続的に利用できるよう、異なるシステムを共存させるための最善の形を模索する必要がある。途上国との関係においては、発展段階に配慮した国際ルールも必要だろう。何よりも、日本においては、知的財産権という制度に押し込められない、各地の固有の種子が生まれるスペースを今まで以上に広げ多様性と強靭性を取り戻し、地域の持続的発展を目指す必要があるのではないだろうか。

注1 GRAIN, Trade agreements privatising biodiversity, update of November 2014 https://www.grain.org/media/W1siZiIsIjIwMTQvMTEvMjEvMDRfMDdfMTZfNjEwX0ZUQXNfc2VlZHNfdGFibGVfTm92XzIwMTQucGRmIl1d

注2 https://www.kantei.go.jp/jp/singi/titeki2/kettei/chizaikeikaku20170516.pdf

注3 https://www.maff.go.jp/j/budget/pdf/r3yokyu_point.pdf

注4 https://www.gefor.jp/globalnet202005/globalnet202005-3/

うちだ・しょうこ NPO法人アジア太平洋資料センター(PARC)共同代表。編著に『自由貿易は私たちを幸せにするのか?』(コモンズ)、『日本の水道をどうする?』(コモンズ)、共著に『TPP・FTAと公共政策の変質』(自治体研究社)などがある。

農業・農村が社会的共通資本であってこそ守られる種子

蔦谷栄一

種子法廃止と種苗法改正

農業に関係した集まりでは種苗法改正が話題になることが多く、また雑誌編集者などからこれについての考えを求められることも少なくない。だが正直なところ、この問題はなかなかに難しく、またやっかいでもあり、明確には回答しがたい、というのが本音だ。

難しくやっかいであるとすることの第一は、種苗法の改正と種子法廃止の関係をどう見るか、別問題なのかどうかということである。種子法は2018年4月に廃止されているが、これは「主要作物であるコメや大豆、麦など野菜を除いた種子の安定生産及び普及を促進する」ことをねらいとするものであったが、種子生産への「民間企業の参入を促すため」に廃止とされた。すなわち都道府県での種子生産が国の財源によって賄われていることから、「種子生産における、都道府県と民間企業の競争条件が対等ではない」「民間の品種開発意欲を阻害している」として〝規制緩和〟がはかられたものである。

これに対して種苗法改正は「日本で開発されたブドウやイチゴなどの優良品種が海外に流出し、第三国に輸出・産地化される事例があります。また、農業者が増殖したサクランボ品種が無断でオーストラリアの農家に譲渡され、産地化された事例もあります。このようなことにより、国内で品種開発が滞ることも懸念されるので、より実効的に新品種を保護する法改正が必要」とするものである。これは種子を開発・育種した者の知的財産権としての育種者権を保護することによって、優良品種の海外流出防止をねらいとする。

このように種子法廃止は規制緩和がねらいであるのに対し、種苗法改正は育種者権の保護、規制の強化をはかろうとするものである。この二つをまったく別物と見なすことは可能であろう。しかしながら種苗法の改正も、大々的に旗が振られている農林水産物の輸出促進を後押しするものであり、また知的財産権の保護を強化する国際的な流れと連動しているという意味では、両者ともグローバル化を梃子とする動きであり、本質的にはグローバル化、資本の論理への対応という点で通底していると見るべきなのであろう。

もたらされる分断

第二にあげておきたいのが、種苗法改正をめぐって、知的財産権としての育種者権の保護を求める農家と、これによって種子の自家増殖が困難になるとする農家とに分かれ、賛成派と反対派とに二分していることである。

企業的な農業経営を展開する農家も増えており、こうした企業的農家、特に果樹や花では育種への関心は高く、また輸出志向も強いことから、自ずと知的財産権の保護を求めるのは当然でもある。一方で家族農業を中心とする自給的要素も強くもつ非企業的農家は、多くは種子を購入するようになってはきているが、いまだ種子の自家増殖に取り組んでいる農家も少なくない。コストをかけないというだけではなく、自家増殖によってよい種を取り、より高品質、少しでも病虫害や環境変化に強いものを生産・栽培したいというのは農家のいわば本性とでも言うべきものであり、また農家にとっての楽しみ、生きがいでもある。

農水省は、登録品種については自家増殖する場合には許諾が必要とはなるものの、「自家増殖は一律禁止になりません」「現在利用されているほとんどの品種は一般品種であり、今後も自由に自家増殖ができます」とHPに記載しているとおり、自家増殖ができることはこれまでと変わりはない、との見解を明らかにしている。

しかしながら農水省は登録品種を増加させてきていることも確かであり、許諾を必要としない一般品種は減少傾向にあり、こうした流れによって農家も自家採種ができなくなるのではないかという懸念を払しょくすることは難しい。また国際的にもＵＰＯＶ91年条約やＥＵでは自家増殖は原則禁止されており、懸念を増幅させる大きな理由ともなっている。

キーワードは公共財、多様性

このように種苗法改正はグローバル化を含めた資本の論理がしからしめるものであり、また農家を分断する傾きをもつものである。こうした問題を抱える種苗法改正について考えていくにあたっては、まずは種子がもつ本来の特性を明確にしておくことが必要であり、そのうえでその必要性を担保していくための枠組みを考えていくというのが筋道となろう。まず種子は本来、二つの特性をもつことを確認しておきたい。

一つは種子は公共財だということである。種子は農業が開始されて以来、連綿として農家の営みが続くなかで交配を重ねて現在に至っているものであり、育種によって開発された種子のなかには長い歴史のなかでの多くの先人による積み重ねが込められている。これら先人による遺産とでもいえる種子を使う以上、確かに育種という行為・操作をしたとはいえ本来、独占権を与えられるというようなものではない。種子に関して様々な規制が行なわれるにしても、農家による自家増殖は当然に認められなければならない。

第二に種子は多様性を保持していること自体に大きな意味があり、多様性保持が種子を管理していく前提となる。したがって各地域で育種していくとともに、育種する農家も分散していること自体に意義がある。特に気候変動が最大の懸念要因と見なされ、これに対応して食料安全保障を確保していくためにも多様な農家による種子資源の保持は欠かせない。

社会的共通資本としての農業・農村

こうした種子がもつ二つの本来的な特性を保持していくには、農的な営みを社会的共通資本として位置づけることなしには難しいと考える。ここで社会的共通資本について確認しておけば、「社会的共通資本は、一つの国ないし特定の地域が、ゆたかな経済生活を営み、すぐれた文化を展開し、人間的に魅力ある社会を持続的、安定的に維持することを可能にするような自然環境、社会的装置を意味する」（宇沢弘文『社会的共通資本』岩波新書、２０００年）。この社会的共通資本は土地・環境・自然等の自然資本、道路や公安、電機や上下水道、文化施設等の社会資本、そして教育、医療制度等の社会資本を制度的な側面から支える制度資本と、大きく三つの範疇に分けてとらえられるが、市場経済は社会的共通資本が存在することによって人間は豊かな経済生活と文化を持続的、安定的に享受していくことが可能になる。言い換えれば市場経済が成り立つためには、社会的共通資本の存在が不可欠であり、社会的共通資本は市場経済が成立するための必要条件として位置づけられる。そして「たとえ私有ないしは私的管理が認められるような希少資源から構成されていたとしても、社会全体にとって共通の財産として、社会的な基準にしたがって管理・運営」（前同）されるべきものなのである。

種子は公共財であり、自然資本の一部と見なすことができるが、そもそも「工業部門とは異なって、大規模な自然破壊を行なうことなく、自然に生存する生物との直接的な関わりを通じて、このような生産が行われる」（前同）農業・農村全体を社会的共通資本として位置づけしていくことが必要であり、そうしたなかでこそ種子は公共財として守られていくことになろう。残念ながら社会的共通資本についての認識は希薄なのが現状ではある。

種子の権利を強調するもう一つの国際情勢

ところで国連が推進するＳＤＧｓ（持続可能な開発目標）は、地球上の「誰一人取り残さない」をスローガンに、17のゴール、１６９のターゲットを設定して、貧困や飢餓の解消、エネルギーや資源の有効活用、地球環境や気候変動等に取り組むものである。経済だけでは現在、地球が抱えている問題は解決できないとして、経済と環境・エネルギー等との両立が不可欠であり、経済の持続・成長のためには環境等を守っていくことが必須であるとする。表現の仕方は異なるものの、認識は社会的共通資本と共通するものがあると理解される。

そのＳＤＧｓの取組みの柱の一つとして位置づけられているのが同じ国連が旗を振る国際家族農業の10年である。ここでは「食の主権」「種子の権利（管理・保護・育成、自家採種の権利）」「生産・販売・流通に関わる情報の権利」が明記されている。また同様に国連で採択された小農の権利宣言では小農を守っていくために「食糧主権」「種子の権利」「農村女性の権利保護」「労働安全や健康の権利」の権利をもつことを訴えている。

資本の論理を貫徹しての市場経済の攻勢は激しさを増しているが、もはや市場経済一辺倒の世界では地球はもたないとして国連が旗を振り、少なからず影響を与えつつあり、そうしたなかに守るべきものとして「種子の権利」が取り上げられていることは注目していい。

コモンズで自家採種にこだわる

要は農業・農村を社会的共通資本として資本の攻勢から守っていくなかでしか、公共財としての種子を守っていくことは難しいということではある。今日の種苗法改正は、知的財産権の保護を強化して品種の海外流出を防止していくことが、返す刀で農家による自己増殖を困難にしていくことにつながる論理構造に立っている。むしろ種苗法はそのままにし、海外での品種登録を急ぎかつ体系的にすすめていくことによって実質保護し、農家による自己増殖も可能にしていくことが一つの選択肢ではないか。ともあれ世界的には気候変動対策が最大の焦点となり、これを無視しての政治は許されなくなりつつあるなか、もはや種苗法改正を強行するような時代環境ではないことは間違いない。

いずれにしろ村落レベルでの共同的管理・作業による「コモンズ」のなかで、地域ぐるみで農家による自家採種にひたすらこだわり続けていくことが基本となる。

つたや・えいいち　農的社会デザイン研究所代表。元農林中金総合研究所特別理事。著書に『日本農業のグランドデザイン』（農文協）、『未来を耕す農的社会』、『農的社会をひらく』、『地域からの農業再興―コミュニティ農業の実例をもとに』（いずれも創森社）などがある。

コラム

映画『タネは誰のもの』に込めた想い

農家の今のありのままを伝えたい

ドキュメンタリー映画監督　原村政樹

種苗法改正の動きに対して賛否が渦巻くなかで、農家でもなく、種苗育成者でもない私がどのような姿勢で伝えることがよいのか、長年、農業をテーマにドキュメンタリーを製作してきた者としてできることは、直接影響が出るかもしれない自家採種・自家増殖をしている農家や、品種育成者の現場と声を伝えることだと考えた。そして北海道から沖縄まで、農業の現場を訪ね、そこから見えてくることをありのままに伝えた。

農家の人たちはタネにどのような想いを抱きながら作物を育てているのか、また、育種農家はどのような想いでタネや苗を育てているのか、それを知らずしてこの問題を論じることはできないと考えたからである。

種苗法改正をめぐる農家の不安

北海道上川郡当麻町で大規模稲作を営む農家の瀬川守さんは「種苗法改正の動きに周りの農家の人たちは殆ど危機感を覚えていない。種子法も知らないうちに廃止となったし、メディアも報道しないし、本当は農業にとって大切なことなのに、無関心だ」と言う。イチゴ農家でJA茨城県中央会会長の八木岡努さんは「今は大部分の野菜農家は自家採種ではなく、購入しているので、危機感はない」と言う。私の取材経験からも、多くの稲作農家が苗を農協などから購入して栽培していたし、今では自家採種は限られた農家が行なっているのが現実だろう。では、種苗法が改正されても大きな問題は生じないのだろうか？

静岡県函南町を拠点に多品目を栽培している有機農業の生産法人・豊受自然農代表の油井寅子さんは「自然相手の農業は一つの品種だけ植えて、それがダメになったでは済まされないから、たとえば同じキュウリでも多種類植えて不測の事態に備えている」と言う。それは決して杞憂ではない。

江戸時代からサツマイモ栽培を続けている埼玉県三芳町川越イモ振興会30人の農家は伝統品種の紅赤を栽培しているが、数年前、種苗会社が苗の育成不順で供給できない事態に陥った。メンバーの一人、伊東蔵衛さんが自家増殖していた苗をメンバーに分けることで、何とか難を切り抜けた。同じ振興会の瀬島吉明さんは「オランダで作っているホウレンソウの品種を3年間かけて試験栽培して、これが我が家の畑に適していると栽培を決心したが、翌年、生産中止となってしまった。企業は採算が合わなくなるとストップしてしまうことが怖い」と言った。

改正を歓迎する育種家の意見

一方、タネや苗の生産農家はどう考えているのか。ブドウの苗を育てている岡山県の林ブドウ研究所の林慎吾さんにも登場いただいた。林さんによれば、ブドウの新品種の開発には1千万円、登録期間を含めれば10年の歳月がかかるという。農家はブドウの苗木1本購入すれば自家増殖でたくさん増やせるので、このままでは自分たち育種家は経営が成り立たなくなる現実があり、種苗法改正で育種家の生きる道を開いてくれた、と言った。さらに育種家が新しい品種づくりをしなくなれば、良い品種ができなくなるので農家にとってもマイナスだともいう。

そんな農家と育種家の利害が対立する現状にあって、林さんは「ブドウは農家にとっても苗を植えてから5年、10年経たないと収穫できないリスクを負っている。そこで苗代は安くても、豊作となった時、その売り上げの一部を育種家に返すといった契約をするというのはどうか」と話した。

しかし、今の種苗法でも育種家が農家と契約して収穫物の売り上げから少しずつ対価を得ることはできる。現に花の栽培では一部それが行なわれている。だとすれば、改正の意味はどこにあるのだろうか？

タネを守るのは誰か？

農水省は「種苗法改正の最大の目的は海外流出を防ぐことだ」と改正の必要性を主張している。かつて海外流失した山形県特産のサクランボ、紅秀峰がオーストラリアで無断栽培され、今の種苗法のもとで裁判となり逆輸入を阻止した事件があるが、その裁判を担当した水上進弁護士は「今の種苗法で十分対応できる」と言う。そうであれば農水省の説明は整合性を欠く。

種苗法改正の流れの先にはグローバル企業によるタネの独占があるのではないかと言う識者もいる。だが、当面の問題は農業現場でどうタネを引き継いでいくかである。

そのヒントを求めて広島県にある農業ジーンバンクを訪ねた。1980年代以降、野菜は急速にF_1化が進み農家はタネ採りをしなくなり、伝統品種の消滅に拍車がかかった。一方、日本には在来品種を保護する法律がない。そこで広島県は1988年、農業ジーンバンクを設立、県内の伝統的な在来種の発掘調査を行ない、ここで1万数千種類のタネを永久冷蔵保存して、詳細なデータを記録しつつ、農家に無償で貸し出している。

今回、取材した農家や育種家の人たちは皆、タネに対する謙虚な心を持つ人たちだった。冒頭に紹介した豊受自然農代表の油井寅子さんは「タネはダイヤモンドのようなもの」と言う。栃木県大田原市でコメ・ムギ・ソバ・ウド・ダイズを自家採種・自家増殖して育てている有機農家の古谷慶一さんは「タネは皆で守っていくもの」と言う。北海道当麻町で自然栽培に取り組む伊藤和久さんは「食料危機が迫っているのに、タネに特許権を与えることは全人類の危機につながる」とも言った。

昔から農家が守り続けてきたタネを独占ではなく皆で共有して守る、人類全員の大切な財産だと農家の人たちは訴えているのだ。そこには一粒のタネが豊穣の恵みをもたらせてくれることへの自然への感謝が込められている。私たちは皆、自然に生かされている。その謙虚さを取り戻したいと、この映画を創った。

元農水大臣の山田正彦さんと農業の現場を訪ねた映画『タネは誰のもの』（監督・原村政樹／上映時間65分／2020年）下記にお問い合わせください。

［団体］一般社団法人 心土不二（担当：遠藤）
［住所］〒102-0093 東京都千代田区平河町2-3-10-216
［電話］03-5211-6880
［メール］info@shindofuji.jp
［ホームページ］https://www.shindofuji.jp/

種苗法改正案に不安を抱くサトウキビ農家矢吹淳さん（映画『タネは誰のもの』より）

執筆者（執筆順）

梨木香歩	作家
塩野米松	作家
藤原辰史	京都大学人文科学研究所准教授
大川雅央	国際農業開発学博士
石綿　薫	育種家
林　重孝	日本有機農業研究会副理事長
西尾敏彦	元農林水産技術会議事務局長
石堂徹生	フリージャーナリスト
内田聖子	NPO 法人アジア太平洋資料センター（PARC）共同代表
蔦谷栄一	農的社会デザイン研究所代表
原村政樹	ドキュメンタリー映画監督

農文協ブックレット 22
どう考える？　種苗法
タネと苗の未来のために

2020 年 12 月 5 日　第 1 刷発行

編者　一般社団法人　農山漁村文化協会

発行所　一般社団法人　農山漁村文化協会
〒107-8668　東京都港区赤坂 7 丁目 6-1
電話　03（3585）1142（営業）　03（3585）1145（編集）
FAX　03（3585）3668　　振替　00120-3-144478
URL　http://www.ruralnet.or.jp/

ISBN978-4-540-20174-5
〈検印廃止〉

DTP 制作／㈱農文協プロダクション
印刷・製本／凸版印刷㈱
乱丁・落丁本はお取り替えいたします。